不懂帶人，你就自己做到死！

行為科學教你把身邊的腦殘變幹才

石田淳◆著　孫玉珍◆譯

行動科学を使ってできる人が育つ！
教える技術

前言

⊙其實我也曾經是個無能的主管

我接下來將要介紹的內容，是因應衆多主管的需求而寫。

無論是演講、研討會或企業研修，每當我有機會接觸企業的高層、管理者或主要幹部時，總會看到許多人爲了指導或培育下屬而傷透腦筋。他們要不是覺得下屬的表現無法盡如人意，要不就是覺得怎麼教都教不會。

尤其是年紀較輕的主管，經常表示自己因爲下屬始終聽不懂自己的意思，而大發雷霆或感到煩躁不安。

而資深的主管則深受自己和下屬之間的年齡差距所苦。

此外，無論是哪個年齡層的管理者，都有不少人認爲下屬之所以做不好工作，原因是出在他們身上。因爲他們不夠認眞或缺乏幹勁。

我也看到不少主管，因爲懷疑下屬的不成才也許是自己造成的，而把自己搞得精疲力竭。

各位認爲下屬之所以不成才，責任應該在負責指導的「主管」？還是負責學習的「下屬」？如果從我接下來要介紹的「行爲科學管理」的角度來看，兩者都沒有責任。這單純只是因爲負責教的人不知道怎麼教而已。

目前有不少企業將教育下屬的責任，全都推給直屬主管，而主管也只能靠個人的能力和力量教多少算多少。如果主管不知道該怎麼教，下屬的表現自然無法讓人滿意。

就連我也從來沒有想過要教育下屬、培育人才。

在我還是個上班族，第一次成爲別人的主管時，根本不知道自己應該做什麼。我只是簡單進行了二～三天的職前訓練，就告訴新進員工「剩下的你們自己做，有不懂的來問」，之後就結束教育訓練。

等到我正式創業之後，我也只告訴員工設定的目標，要他們盡力而爲。完全沒有詳細說明工作的方式或提供更精確的指示，更不要說向他們說明我爲什麼要這麼做，或這麼做的意義何在。

如果他們問我做不到的話該怎麼辦，我只會告訴他們就算熬夜也要做出來。這根本是典型的「無能主管」的做法。如果我是下屬，應該早就辭職了吧！

而事情果然眞的發生了。某一年夏天，一口氣有十名員工要求離職。

因爲這件事，我才發現自己的管理有問題，之後在翻閱各種管理的相關書籍時，才找到美國這套根據「行爲分析學」發展出來的管理方法。

目前這套管理方法在歐美有超過六百家企業和公家機關使用。我爲了因應亞洲人的商業習慣和價值觀，稍加修正成爲「行爲科學管理」。

行爲科學管理最大的特色，就是將重點放在人類的「行爲」。

公司的經營成果是來自於所有員工的「行爲累積」，如果想要改變這樣的結果，只能改變員工的「行爲」。

反過來說，只要能夠改變員工的行爲，就能夠得到預期的結果。

⊙「員工不成材」有很多原因

接下來，我將針對培育或教育下屬之所以困難的原因加以說明。

首先，因爲大家至今仍根深蒂固地認爲「工作不應該是別人教你，而應該是自己偷學」。

現在應該有不少身爲主管的人，都曾經聽過他們的主管或前輩說過類似的話，你或許也曾經聽過。因爲你的主管或前輩從來沒有逐步教導你認識工作的內容，所以你也只能用同樣的方法教育你的下屬。

其次，是因爲企業對人才的需求產生了極大的改變。

在經濟高度成長的時代，經濟充滿活力，隨著人口增加，消費逐漸擴大，只要新產品上市就一定會有銷路。

這時候企業需要的是能夠服從公司命令、認眞工作的員工。

但是現在呢？無論是企業或家庭都物滿爲患，消費社會已經發展成熟，爲了因應這樣的現象，近年來第一線的員工有愈來愈多的機會，必須及時提案或解決問題。

此時，企業需要的就是具備獨立思考和領導能力的人才。但是因爲主管也必須顧及自己的工作表現，所以根本沒有時間教導下屬。

第三個原因，就是員工價值觀的多樣化。

生長在物質充裕時代的人，價值觀之多變超乎上一代人的想像。舉例來說，以前的員工會為了賺更多的錢而團結一致共同努力，但是對現在二十幾歲的人來說，想要賺更多的錢，只是眾多價值觀中的一種，這樣的想法，使得主管、資深員工和新進員工間因此產生「代溝」。

此外，在講究寬鬆教育的時代，連考試結果都不再排名次，孩子因而無法培養出競爭的精神，所以利用競爭來提升業績的管理方式就行不通了。

因為這些原因，所有主管都必須學習以往不受重視的「教」的這門技術。

⊙ 每個人都能學會「教的技術」

「行為科學管理」的另一個特徵，就是無論是誰、在何時或何地使用這個方法，都能夠創造出同樣的效果，也就是說，這和管理者的素質無關。

這個管理方法的基礎「行為分析學」，是一種根據大量的實驗數據導出的科學理論，因此才可能讓結果重現。

由於一般的管理方法，幾乎都是以優秀的管理階層本身的經驗或高人一等的社交手腕爲基礎，一般人很難模仿這種所謂的成功哲學。

這就是「行爲科學管理」與其他管理方法最大的不同。

由於引進「行爲科學管理」，讓敝公司的業績以驚人的速度大幅成長。對於請我指導員工研習或擔任顧問的企業，也產生非常好的效果。

「行爲科學管理」對於本書的主題——教育、指導和培育也非常有用。因爲「教」是爲了讓學習者學會你所期待的行爲，或將行爲改變成符合你期待的行爲，以創造出學習的成果。「行爲科學管理」改善「行爲」、提高效果的know how，可以應用在教育、指導和培育等各方面。舉例來說，只要運用行爲科學管理這個聚焦在「行爲」的方法，大部分的人都覺得棘手的「稱讚」或「訓斥」等行爲，就會變得容易許多。

本書即將介紹的管理方法，是將重點放在下屬的「行爲」，透過更確實有效的指導，將他們培育成可靠的戰鬥力。

即使是情緒容易激動或經常感到焦慮的人，只要聚焦在「行爲」，就可以解決這些惱人的問題。

此外，有些讀者或許無法從培育人才這件事中找到樂趣，但只要使用本書介紹的方法，應該就會覺得「看著一個人成長是一件快樂的事」。

以前大家都說，一家公司八成的業績，是由兩成的員工創造出來的。也就是說，企業是由兩成的「英才」和八成的「庸才」所組成的，而「行爲科學管理」則能夠將剩下的八成「庸才」培育成「英才」。

你只要運用本書磨練你的「教法」，就能夠讓這八成的「庸才」在短時間內明顯成長。

此外，本書還有一項特徵，那就是從任何一頁開始讀起都沒關係，所以就請各位從感興趣的地方開始讀吧！

讀完本書之後，在指導或培育下屬時，如果還是有疑問，可以隨時參閱本書。能夠培育人才的人，才能夠成爲眞正的領導者。

現在，就請大家開始閱讀吧！

行為科學管理所所長　石田淳

CONTENTS

目次

CHAPTER 2
主管應該做的事

CHAPTER 3
你能為下屬做的事

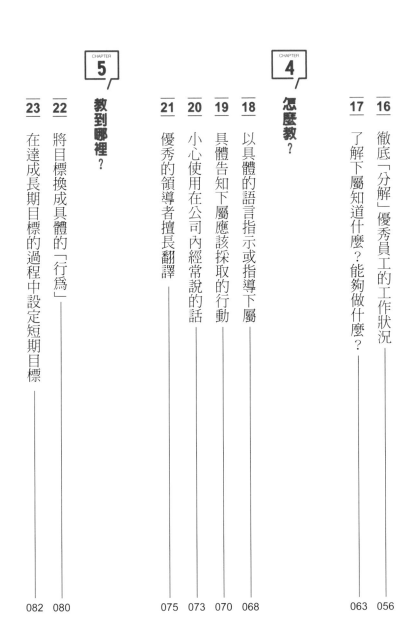

CHAPTER 4
怎麼教？

CHAPTER 5
教到哪裡？

CHAPTER 6

稱讚很重要

CHAPTER 7

「訓斥」和「生氣」是不同的兩件事

CHAPTER 8

為了讓下屬保持良好表現

CHAPTER 9

這個時候該怎麼辦？

CHAPTER 10

教導的對象人數較多時

CHAPTER 1

「教」之前必須知道的事

01 行為科學中「教」的技術

我在前言中曾提到，我因爲苦於無法有效管理，只好到處學習各種方法，期間，我接觸到美國一套根據行爲分析學發展出來的管理方法。

這套方法的理論明確、十分吸引人，我在返回日本之後，便立刻用來管理自己的公司。結果發現，員工開始充滿活力，五年後的營業額甚至提升約五倍，發揮的效果遠超過預期。

不過，這套方法的體系由於是美國人建立的，有些地方並不適用於日本人。我於是保留這套方法的基礎，增加符合日本商業習慣的要素，建構出一套新的方法，也就是我所提倡的「行爲科學管理」。

「行爲科學管理」的基礎「行爲分析學」，如字面所示，是一門以科學方法研究人類行爲的學問，而研究的目的是爲了了解：人爲什麼會出現特定的行爲？要怎麼做才能加以改變？

行爲分析學最大的特徵在於**所有分析出來的法則，都是透過實驗而來的科學產物，因此有重現的可能**。也就是說，無論時間、對象或地點如何改變，都能得到相同的結果。「行爲科學管理」當然也和行爲分析學一樣，只要操作正確，任何人都可以得到理想的結果。

本書的內容，主要是集結了「行爲科學管理」運用在教育或指導下屬時，所使用的具體方法和創意。

這個方法的目的是爲了**和下屬建立良好的關係，激發出個人的特色，讓他們在職場上大顯身手**。

本書以科學的方法觀察和分析，並重現極少數優秀領導者的「行爲」。

對於那些正苦於不知該如何培育下屬的主管，我相信這本書一定能夠提升各位「教的技術」。

02 解決問題的關鍵是「行為」，而不是「心」

「無論怎麼教，業績就是毫無長進。」

「我明明教他了，他卻怎麼都做不好。」

這是爲什麼呢？

答案很簡單，因爲你的「教法」不適合對方。也就是說，你無法引導對方做出你希望他做的事。

然而大部分的主管和資深員工都會認爲，問題是出在下屬或新進員工的「心」。因爲他們「被寵壞了，缺乏毅力」、「缺乏對工作的熱情」或「得想辦法改一改優柔寡斷的個性」等。

主管認爲下屬或新進員工的表現之所以不如預期，是因爲他們的個性或精神狀態。如果不改變這個部分，就無法解決問題。

但是我必須說，只要你這麼想，就很難解決問題。因爲毫無心理學或精神醫學專業知識的上班族，每天要處理大量的工作，誰有辦法可以矯正下屬或新進員工的「心」？

我想藉由本書讓大家知道「行為」的重要性。

觀察並分析你的對象，也就是人的「行爲」，當對方做的事符合你的期待時，就想辦法讓他繼續做；如果不是，就想辦法讓他做對。

將重點放在「行爲」並加以改善，一點都不難。行爲科學管理的基礎「行爲分析學」，從一九三〇年代初期起，便以「這個人爲什麼會這麼做？要如何才能加以改變？」爲主題，進行大量的實驗和研究。

只要運用這種經由實驗得到的科學方法，任誰都可以解決或改善問題。

03

什麼是「教」？

無論是在職場或日常生活中，我們每天都在使用「教」這個字。例如「教人工作」、「教人讀書」、「教人做菜」、「教人打高爾夫球」、「教人使用工具」或「教人如何抵達目的地」等。而教別人做某件事，或讓別人教你做某件事，也是稀鬆平常的事。

那麼，我要問各位一個問題：「在職訓練時教新進業務員基本技巧」、「數學課教學生計算球的體積和表面積」和「教第一次漢堡做失敗的丈夫正確的做法」，這三種不同的「教」有什麼共通之處？

這個問題沒有絕對正確的答案，而**我的答案是：所謂的「教」，就是引導對方做出你希望他做的「行為」**。

爲新進員工舉辦在職訓練時，講師會教授符合商業禮儀交換名片的順序、如何打招呼博取對方的好感、傾聽對方說話時如何回應，以及如何詢問顧客的需求等各種「行爲」。

上數學課時，老師則努力讓學生了解求取體積和面積的公式，並學會如何正確計算的「行爲」。

在廚房裡，妻子站在丈夫身旁，確保他每一步都做出對的「行爲」，例如洋蔥沒有炒焦、將材料混合後攪拌到產生黏性，或者在幫漢堡肉翻面時沒有弄壞形狀等。

總而言之，我認爲的「教」，就是讓對方**學會你希望他學的行為、做對你希望他做的行為，或改變錯誤的行為**，也就是讓學習者學會你希望他會而他不會的行爲（例如記住計算球的體積公式，因應須要加以使用），或是將錯誤的行爲（例如以大火炒洋蔥〔結果炒焦了〕）轉變成正確的行爲（以小火慢炒）。

此外，一般人提到「行爲」時，大多會聯想到活動身體做出動作，但是行爲科學則將理解、記憶和思考都歸類爲「行爲」。

如果以「行爲」這個關鍵字爲中心，重新檢視「教」——這個以往我們從不深入追究它的意義，只是理所當然地使用的字，應該更有希望解決長期困擾大家的各種有關「教」的問題。

1

當你在教別人做某件事時，請務必記住：**「引導對方做出你希望他做的行為」這句話**。

什麼是「教」？

讓學習者將「你希望他學的行為」或「錯誤的行為」轉變成「正確的行為」。

04 無論是小孩或大人，都希望獲得認可

或許有人會覺得，將培育下屬和養兒育女相提並論非常地突兀，但是從行爲科學的角度來看，兩者之間有不少共通之處。

基本上，小孩子會因爲希望獲得父母的認可而學習「新的行爲」。

他們之所以能夠站起來走路、記憶各種詞彙和學習說話是因爲，只要他們有進步，父母就會高興地給予讚美。

同樣的道理也適用於成人。**下屬或新進人員之所以拚命工作，動力就是來自於主管或前輩的認可**。

面試時主管斬釘截鐵地要你一起努力，但是正式上班之後，你卻發現對方幾乎不指導或協助你，一天到晚只會問你業績如何。

如果你是個孩子，而父母只用學校考試的成績幫你打分數，你會有什麼感覺？應該會覺得「沒有這麼糟糕的父母」或「自己不想成為這樣的父母」吧！對此我亦有同感。

但是如果換成公司裡的主管和下屬，以下屬的觀點來看，應該有不少主管的指導方式，跟那些只靠考試成績來評斷自己孩子的父母，沒什麼兩樣吧！

如果是表現優異的員工，經常可以獲得主管的認同和正面的評價。

但如果是無論怎麼努力就是表現不佳的員工，就幾乎沒有獲得主管或前輩讚美與認同的機會。

如果你衷心希望下屬或新進人員有所成長，就不能只重視工作的「結果」，而是必須了解和認同下屬或新進人員工作表現（行為）的重要性。

05 不要一開口就談工作

若想和新進人員或從其他部門調來的員工等，這類新加入職場的人才建立互信，最重要的是什麼呢？

那就是「切忌一見面就談工作」。

一開始要和工作夥伴建立關係，最重要的是先建立彼此能夠放心談論工作的基礎。

建立這個基礎的方法很簡單，那就是閒話家常。

無論是個人的嗜好或休閒生活都可以，只要能夠找到共通之處，就能夠拉近彼此的距離。就算找不到，也一定會讓對方產生親切感。

至於時機是要選在你懷疑對方是否值得信賴或能夠和平相處，或是你能夠放心地依賴對方，抑或是對方願意接納你的時候進行教與學，這就不須要我多說了吧！

以往的企業，公私並不分明。

員工一大早到公司之後，在開始工作前會閒話家常。中午又在員工餐廳一同用餐，加完班後也會一起小酌。到了週末，下屬還會到主管家裡拜訪，有時還會帶著家人一同出遊，這樣的交流活動並不稀奇。

但是最近幾年，不要說下屬到主管家拜年，就連中秋節或歲末年終的問候也都省了。現在已經不像以前能夠自然形成放心談論工作的環境，因此必須特別費心建立彼此的互信。

然而如前文所述，就算是閒話家常也能建立彼此良好的關係。

主管：「你看了昨天的足球賽嗎？」

下屬：「您是說日本代表隊的比賽嗎？我看了！課長也喜歡足球嗎？」

主管：「我國中和高中都是足球隊。」

下屬：「是嗎？您踢哪個位置呢？」

這樣的互動最爲理想。就算有點尷尬，只要主管能夠有誠意且願意和下屬互動，一定能夠縮短彼此的距離。

不要一見面就談工作，要先閒話家常。

千萬不要忘記這個黃金定律。

06 離職率和溝通的程度成反比

上班族的離職率和他們與主管溝通的頻率成反比，也就是說，愈少溝通的下屬，離職率愈高，愈常溝通的則愈低。

以前我在擔任顧問時，要求該公司的所有員工都要攜帶小型電腦，爲的是要測量和記錄員工互動的時間，也就是溝通的時間，之後我再加以分析。在比較負責同樣業務的營業部門間的差異後，我發現，業績成長的單位成員間互相溝通的時間，遠比業績停滯不前的單位多出三倍以上。

正因爲如此，我都會建議**企業的管理階層，記錄自己和下屬對話的時間和長度**。

我認為記錄，也就是「測量」溝通的時間長度，是非常重要的事。

只要能夠安排一、兩次談話，充分仔細聆聽下屬對工作的想法和預設的目標，之後每個月再安排幾次五至十分鐘的談話機會就可以了。此外，如果你知道對方有小孩正在讀小學、週末有運動會，隔週上班時，不妨詢問對方運動會的情形。

光是這樣的一個小動作，下屬或新進人員就會覺得主管或前輩很在乎自己，因而願意相信對方。

這樣的做法不只對當事人有用，身邊的人聽到你們的對話也會受到影響而不自覺地認爲：原來我的主管這麼關心下屬。

之後，身邊的人對你的評價，將會超乎你的想像。

對於下屬就在第一線服務的課長或經理，溝通尤其重要。雖然和社長或經理間的溝通也很重要，但遠不及和第一線人員之間的溝通。

■ 離職率的變化

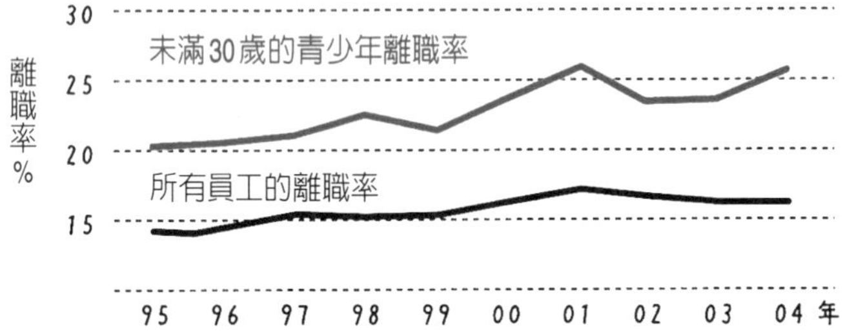

年輕人的離職率逐年升高

＊出自日本厚生勞動省的雇用動向調查

■ 離職理由排行榜

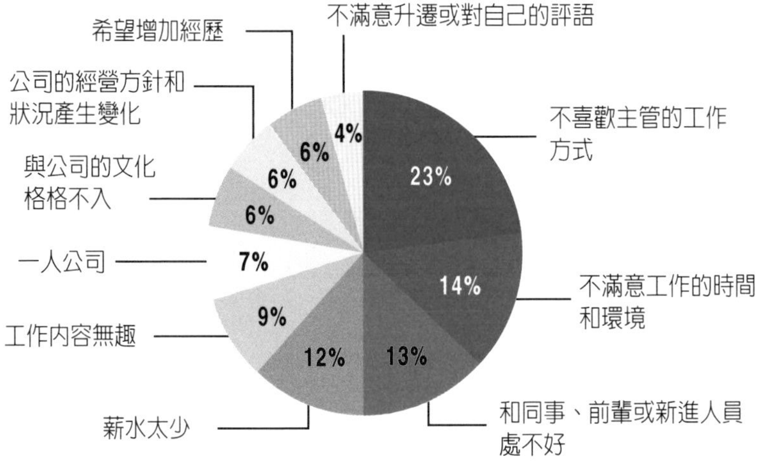

因為主管的工作方式而離職的人最多

＊出自 RIKUNABI NEXT 針對一百名離職員工所做的問卷調查結果
（於二〇〇七年四至五月透過網路調查）

CHAPTER 2

主管應該做的事

07 掌握下屬的工作動機和目標

你的人生目標是什麼？你爲什麼選擇這份工作和這家公司？你希望透過工作得到什麼？

以往企業的目標和員工的目標十分接近，也就是：企業希望爭取公司最大利益的願景，而個人希望賺更多錢、出人頭地或購屋（汽車、冷氣），雙方擁有相同的方向和熱情。

但是現在情況卻不一樣了。每個員工都有自己的目標和價值觀，有人是爲了將來想要創業而工作，有的人則非常珍惜與家人相處的時間，也有人是因爲能夠滿足顧客的需求而樂在工作。

舉例來說，你如果對二十歲出頭的男性員工說「身爲男人，必須具備養家活口的能力」，他們聽起來大概沒什麼感覺，搞不好還會覺得原來這家公司這麼八股而感到失望。

在經濟高度成長的時代，只要公司表示會加薪，員工就會願意努力工作。

行爲分析學認爲兩者之間的關係是，公司透過加薪的提議建立操作員工的行爲。所謂的「建立操作」，指的是刺激員工更願意採取行動。

舉例來說，假設你的下屬是因爲想要創業才從事現在的工作，你如果建議他「拓展人脈對你的將來有所幫助」，或許會成爲他賣力工作的動機，同時也有助於讓他回想起自己選擇這份工作的初衷。

要操作下屬的工作（行為），必須要能夠掌握下屬希望透過工作有什麼樣的成長。

因此請務必掌握和下屬對話的機會，以了解他們的目標和想法。

08 讓對方了解你人性化的一面

在第五篇中，我曾經提到要想和新的下屬建立互信，最好先閒話家常。或許還是有人對這個方法的效果半信半疑。

那麼，就請各位想像自己參加研習的情形吧！

就算研習的內容艱澀難懂，但是如果講者表現出自己充滿人性化的一面，例如告訴大家「其實我非常喜歡韓國的電視劇演員」、「我非常喜歡塑膠模型，只要有空就會欣賞自己的作品」或「我很怕老婆，在她面前根本就抬不起頭來」，你是不是就會對他產生親切感？並對研習的內容更感興趣了呢？

主管若想透過分享，以便和下屬建立能夠敞開心胸討論工作的關係，最好的做法就是，身為主管的你，先談談自己。

也就是展現自己人性化的一面。

這麼一來，不僅能夠消除下屬緊張的情緒，也更容易談論自己。

具體的內容可以是「喜歡的書、音樂、電影或運動」、「長期以來的嗜好或現在熱衷的事物」、「尊敬的偉人或喜歡的名人」、「出生地或小時候的趣事」等，就算是無關緊要的小事也無所謂。

以前我曾爲某家公司的新進員工歡迎會，製作了一份自我介紹的項目表，目的是爲了讓那些不擅長自我介紹的人有話可說。

只要將這張項目表發給所有的與會者，然後指定某人先說說頭兩項，即使是不擅長說話的人也可以找到話題，例如：「我小時候學過……」。

請各位也製作一份自己的自我介紹項目清單，然後填入關於自己的資料。

09 討論自己的失敗故事而非成功經驗

對於剛接手新工作的新進人員而言，負責教他們的資深員工或主管，堪稱是擁有豐富的經驗、知識和技術的偶像。

或許會有讀者納悶，身爲這樣的前輩或主管，須要告訴下屬或後進自己失敗的經驗嗎？

無論是誰，即使現在工作一把罩，以往都有過屈指無法數的失敗經驗——但就因爲這樣，才造就了今天的你。然而新進人員完全看不到這樣的過程，他們很容易就認爲，眼前的前輩或主管一開始就是這麼能幹的。

因此，請大家務必要坦承自己失敗的經驗，例如「曾經犯的錯」、「還是新人時完全無法了解的事」或「自己的做法完全行不通」等，而非滔滔不絕講述自己成功的經驗。

這麼一來，**下屬就會覺得自己和你一樣，會更願意接受你的教導**。

告訴下屬自己失敗的經驗還有一個好處。

那就是**讓下屬在工作時有更多的選擇**。

無論是哪一個行業，成功的方法有很多。

如果你只專注於教導下屬成功的方法，下屬就會接收到「所以我也要用這個方法」的訊息，但是如果他聽到的是失敗的例子，就會排除這個明顯錯誤的方法，並從其他眾多的方法中找出有效的那一個。

不過身爲主管或前輩，還是必須具體且詳細地教導下屬或新進人員，那些他們必須學習的基本知識和技術。關於這一點，我將在後面的第三章中詳細說明。

10 使用「教的技術」，就能夠縮短培育人才的時間

我長期從事培育人才的工作，發現要培養一個人並不容易。最有經驗的人應該是負責養兒育女的媽媽們。她們從來不認爲今天告訴孩子的事，明天他們就能做到。

因爲無論是要讓孩子學習新的事物、生活習慣或學習方法，都必須耐著性子一而再，再而三地教導他們。教導經驗豐富、年齡較長的上班族也是一樣的道理，都須要花時間。

然而對企業來說，時間的意義完全不同。他們會要求效率，今天做的事在今天之內就必須有結果，頂多也只能等一個月。身爲主管的人在設定好本月目標之後，就會要求下屬在月底前，必須完成課題或達到設定的業績。**我在與那些因為教育下屬成效不佳而感到困**

擾的主管對話時，發現有不少人不了解企業與教育對時間要求的差異。負責培育人才的領導者或管理階層，必須兼具「在短時間內展現成果的企業時間觀」，以及「花上數個月至數年實施教育的教育時間觀」。在隨時意識到「教育須要時間」的同時，也必須指示或要求下屬在期限內完成任務。

企業之所以聘用有工作經驗的人，爲的是要以金錢來換取培育人才的時間。以職棒爲例，就是以豐厚的報酬吸引國內外頂尖的高手加入以增強戰力。這當然是一件好事，但一味地這麼做，卻可能導致整個組織的發展停滯不前。

因為「培育人才的經驗」也可以教育負責培育人才的人和組織。

本書的內容分解並分析「教的技術」，讓任何人在任何時間或任何地點，都能夠教出成果。只要確切實踐本書的內容，**不僅能夠提升培育下屬的技術，還可大幅縮短時間**。

11
培育人才其實很簡單

培育下屬確實是件困難的事，更不用說花十幾年把一個孩子養大，當然更是難上加難。

但是我認爲對企業而言，「培育人才」並沒有這麼困難。

因爲企業的目標顯而易見，無論是任何行業或職業，所有的計畫都有明確的任務和目標，員工只要達成目標就可以了。

主管的任務就是讓下屬成為能夠達成既定任務或業績的人。

由於目標清楚，因此可以找出明確的方法和應該採取的行動。

比起要培育沒有明確目標的藝術家，要培養一名成功的業務員，其實簡單許多。

我希望所有的領導階層都能夠懷抱著希望培育人才，如果有任何疑惑或當下不知道該如何是好的時候，請隨時參閱本書。

如同前一篇所寫的，教育是需要時間的。只要參考本書，根據行爲科學管理所設計的「教的技術」，任誰都能夠確實提升「教」的技術，大幅縮短培育人才的時間。

只要能夠耐著性子教導對方，體驗一次「化腐朽爲神奇」的經驗，就會覺得培育人才是件快樂的事。

12 如何了解下屬的煩惱

身爲主管或資深員工的你，在教育下屬或後進時，最重要的是養成「詢問」的習慣。

下屬爲什麼喜歡保持沉默？答案很簡單，因爲話都被主管說完了。

由於主管知道如何解決下屬的問題，經常會在他們訴苦訴到一半時，插嘴告訴他們應該如何解決問題，讓下屬沒有辦法再繼續說下去。

你會把自己眞正的想法告訴一個沒有說過話的人嗎？如果對方平常就會聽你說話，你應該就敢對他發牢騷或找他商量事情吧！**因此身為主管的你，必須多聽下屬說話**。

至於該如何問話呢？關鍵在於提問的先後順序。

遇見下屬時，千萬不能一開口就問對方在工作上是否遭遇什麼困難。

就算你這麼問，對方應該也會回答你「沒有」，或許心裡還會想「現在適合談這件事嗎？」或「這個人怎麼這麼沒神經」。

一開始應該要問對方那種完全不須要思考就能夠回答的問題，例如「中午吃了什麼？」「搭哪一班車來公司？」或「剛才出去的時候有沒有下雨？」這麼做的目的是爲了讓對方開口說話，在閒聊的過程中營造有利於談心的氣氛，接著再進一步詢問更深入的問題。如果能夠先暖場再切入正題的話，對方應該就會告訴你他的煩惱、不滿和疑問了。

有些主管受到許多下屬的仰慕，非常願意找他商量事情。這些主管都是在很自然的情況下，依照上述的步驟讓對方說出心裡的話，所以只要利用同樣的「行爲」，你也一定辦得到。

13 在認定是下屬的錯之前，請先反省自己

如同本書一開頭所說的，有時即使主管已經教導下屬該如何做事了，成果卻依然不如預期，於是會認爲，這是因爲下屬「不夠努力」、「缺乏熱情」或「必須更有毅力」。

這樣的想法有兩個錯誤。

第一，就是將下屬已經接受教育卻毫無成果這件事，歸咎於缺乏幹勁、熱情或毅力等「想法或個性」。

從行爲科學的角度來看，所有成果都是人的「行爲」產生的結果。

商業活動尤其是典型的例子。因爲平日累積的行爲就是工作的成果，所以須要關注的不是想法或個性，而是「行爲」。

而第二個錯誤就是認為「錯在下屬」。

既然你已經教導下屬，爲什麼成果還是不如預期？原因其實就出在教導的方式。

如果能夠找出指導無效的理由或原因，例如「教得太快」、「說明太過抽象，下屬無法充分理解」或「必須要從更基礎的東西開始教起」，並加以確實改善，下屬一定會有所長進，而主管「教的技術」也會跟著進步。

如果把過錯推給下屬的想法或個性，指責他們要更有衝勁、必須振作的話，不僅無法解決問題，還會破壞職場的氣氛，導致小組之間士氣低落。

在將錯誤歸咎於下屬之前，主管務必先反省自己有無不足之處。

CHAPTER

3

你能為下屬做的事

14 將教的內容分為「知識」和「技術」

接下來，我將介紹具體的教法。

各位在指導下屬時，會事先整理相關的內容嗎？

你是不是想到什麼才說什麼？

如果能夠事先把內容整理好，教起來當然會更順手也更有效率。

如果毫無計畫或條理，只是想到什麼就教什麼，不僅無法完整掌握應該教的工作或內容，也有可能遺漏該教的部分或重複教導相同的內容，使你的教學變得非常沒有效率。

因此，在指導下屬之前，最好還是先把要教的資料整理好。

首先，我先將指導的內容分為「知識」和「技術」兩個部分。

以教打保齡球爲例，如果學習者從來沒有打過保齡球，你應該教的「知識」包括打球的禮儀、遊戲規則、選球方法、保齡球的旋轉與軌道之間的關係，以及計分表上各種符號代表的意義等。

而應該教的「技術」，則包括如何拿球、助跑，以及丟球和控球的方法。工作和運動的不同，在於很難明確區分「知識」和「技術」，**所以只要把能夠回答的當作「知識」，能夠嘗試去做的當作「技術」就可以了**。

只要把計畫教授的內容，區分爲「知識」和「技術」，就能夠清楚判斷教導的先後順序，以及每一名下屬應該學習的內容。

此外，如果先將內容區分爲「知識」和「技術」，在下屬的學習情況不如預期時，很容易就可以判斷，原因是出在於下屬的技術不成熟，還是知識不足。只要找出原因加強輔導，就能夠得到預期的成果和成長。

知識與技術

	知識	技術
以打保齡球為例	• 打球的禮儀 • 基本遊戲規則 • 選球方法 • 計分表上各種符號的意義 • 球的旋轉與軌道之間的關係	• 拿球的方法 • 助跑的方法 • 丟球的方法 • 控球的方法
日式點心店的開店準備	• 知道店面的位置 • 知道進貨表擺放的位置 • 會看進貨表 • 知道備分鑰匙和預備金擺放的位置 • 知道每一扇門的鑰匙 • 知道如何播放店內的背景音樂	• 能夠看懂前一天的待辦事項紀錄 • 知道店內的電源開關 • 能夠使用收銀機 • 能夠將貨品放在冰箱的預定位置 • 知道如何打開店門 • 能夠控制店內背景音樂的音量 • 能夠準備試吃的食物

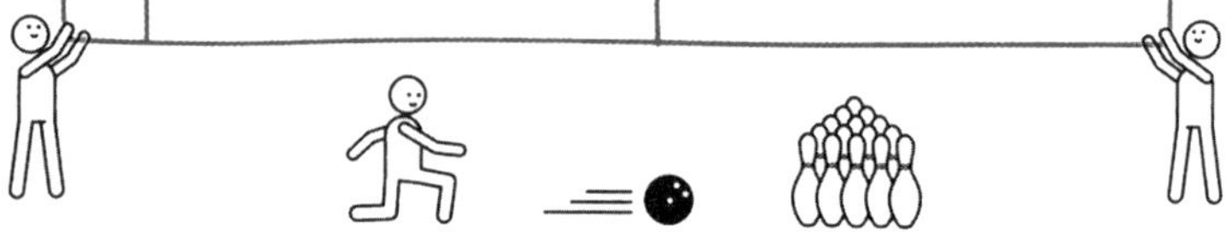

15 請回想一下你如何請孩子幫你跑腿？

我曾經在研習會上以「請孩子跑腿」爲題，讓參與研習的員工進行討論。

我假設每個人有一個就讀國小六年級的孩子，而他已經幫你跑腿過很多次，每次都能夠買回你交代的東西。

如果你想拿一千塊請他幫你買回三根每根八十元的紅蘿蔔，以及兩條每條一百元的沙丁魚，你會怎麼跟他說呢？

這個時候，你只要告訴他「幫我買三根八十元的紅蘿蔔和兩條一百元的沙丁魚」就夠了。如果還要特別交代什麼的話，頂多就是提醒他「不可以用找的錢亂買東西」。

那麼，如果幫忙你的是從來沒有跑過腿的小學一年級的孩子呢？

你應該不會只告訴他「請幫我買三根八十元的紅蘿蔔和兩條一百元的沙丁魚」，之後就讓他出門了吧！

你應該會把他該做的事依照順序寫成清單，然後再寫上家裡的電話號碼，並告訴他店員會穿著藍色的圍裙，別著名牌，如果找不到東西可以問他。

也就是說，孩子第一次出門幫你跑腿時，你會將他應該做的事逐項條列清楚，然後簡單易懂地教導他。

面對下屬時，你也必須這麼做。

如果你要下屬直接上門按鈴推銷，除了要詢問他是否曾經做過類似的工作，也必須知道他有沒有按過陌生人家的門鈴。

如果下屬是負責宣傳部的雜誌廣告，那你就必須確認他知不知道編製雜誌的流程？懂不懂必要的行銷用語？是否曾對公司以外的人說明過產品的特徵？是否能夠校對印刷品？

如果下屬是客服人員，你就必須確認他對商品的了解，以及是否知道接電話的基本禮儀和電話的用法等。

請大家務必要逐一確認每個人都可以想得到的事項，甚至是被認為沒有必要確認或理所當然應該知道的事。

然後針對下屬從來沒有做過的「行爲」，必須像第一次請孩子幫你跑腿般逐步地教導他們。

16 徹底「分解」優秀員工的工作狀況

接下來，我將更進一步說明上一篇中提到的「行爲分解」。

無論是哪一種行業或職業，工作的內容（業務）都是由衆多「行爲」所組成的，只要加以分解並條列出來，就能夠知道你應該教授的內容。

當你在指導下屬工作（執行業務）時，應該分解的對象就是能夠順利完成工作、創造成果的員工的行爲。

因爲能夠創造成果的人，會採取能夠創造成果的行動。

舉例來說，如果公司裡有一名頂尖業務員，不妨仔細整理這名業務員每天的行爲。

例如他早上幾點到公司？在開始工作前做些什麼？打電話給客戶時如何打招呼？找不到負責人時怎麼留言？公事包裡都放什麼？比約定的時間提早多久抵達客戶的公司？交換

名片時說些什麼？第一次和業務負責人見面時聊些什麼？拜訪紀錄上又寫些什麼？**要將所有重要的細節都條列出來**。

那麼，什麼又叫做徹底分解行爲呢？爲了讓各位能夠實際體驗，請大家嘗試分解以下兩個動作。第一是「將寶特瓶裡的水倒進杯子」，第二是「穿T恤」。

這兩種行爲都是我們經常會做的事，但是請大家以「向完全不知道該怎麼做這兩件事的人說明動作細節」的心情，詳細分解這兩項行爲（提示：兩個動作都以「看寶特瓶（T恤）」開始，而以「放下寶特瓶（T恤）結束」）。

分解完畢之後，請大家比較一下解答（參考第一八二、一八三頁）。

分解將寶特瓶裡的水倒進杯子的行為

①看寶特瓶

分解穿T恤的行為

①看T恤

大家看到分解出來的細項之多，或許會覺得很驚訝，但是爲了讓完全不了解或是不會做的人，能夠完美呈現這兩個動作，就必須分解得這麼詳細。

要將下屬的工作分解得這麼仔細或許很困難，所以一開始可以分解個大概，之後再將你認爲重要的部分寫下來。

等到習慣之後，再進行更詳細的分解。

由於工作有各種不同的做法，因此最理想的分解方式，就是分解數名員工工作的情形。這麼一來，除了每個人特有的「行爲」，也能夠確實掌握創造成果必備的「行爲」。

而條列寫出的重要項目，則可當作確認工作完成的「檢查清單」。

只要能夠完整重現清單上列舉的動作，任何人都能夠像優秀員工般創造出成果，而且只要有這份檢查清單，主管就能夠提醒下屬哪裡做得不錯，而哪裡又須要做重點練習。

■ 檢查清單範例

拜訪公司前

日期：　　　拜訪目標（公司名．職稱．姓名）：　　　姓名：　　　確認者：

順序		檢查項目	備註
1	□	服裝儀容	服裝、走路的方法、姿勢、口臭
2	□	明白確認目的和目標，準備提案	根據5W2H檢查目的和目標，準備提案的物品。
3	□	拜訪目的與談話內容的說明（和對方約定時間）	在會議預定表上填入時間、對象、職稱、人數、地點和目的，確認提案書和估價表的份數。
4	□	遵守約定的時間	最晚必須在五至十分鐘前抵達開會現場。
5	□	確認名片的張數	準備足夠份數的提案書。

6	□	製作當天的行程：在白板上寫下即將拜訪的公司和返回公司的時間	確定自己負責的路線，之後寫在白板上。
7	□	確認拜訪對象	確認拜訪對象的職稱和姓名（填入預定拜訪清單）。
8	□	準備提案以外的閒聊話題	外出拜訪客戶前確認閒聊的話題。在拜訪客戶前先想好有關天氣或時事等話題。備註：閒話家常的話題。
9	□	拜訪客戶前的問候準備	想好前五分鐘的話題
10	□	掌握客戶的資訊	確認客戶資訊清單
11	□	打掃公司用車	確認車內有無臭味：不吸煙者可兩週確認一次。清理行李和垃圾：返回公司時不要在車內留下垃圾。不在車內放置與工作無關的物品。每個月洗一次車。

12	□	確認客戶公司的位置（入口）	如果是在自家公司附近，事先確認公司與客戶公司的位置和距離，如果距離較遠，則利用網路地圖確認距離。
13	□	統一自己和主管的行程	到公司後立刻確認當天的行程，在晨報時報告。每天早晚兩次確認主管的行程，要求主管同行。
14	□	在自己和主管的每日報告中填入拜訪的「目的」	確認是否已經填寫目的和準備物品。

17 了解下屬知道什麼？能夠做什麼？

在做好之前提到的檢查清單之後，接下來就是要確認下屬對工作的了解，以及能力所及的程度。

絕對不要自以爲是地認爲他應該知道什麼，或假設他應該辦得到。**尤其是面對有經驗的下屬，例如從其他單位調來的員工，或已有工作經驗的新進人員，更應該逐一確認相關事項。**

我在前面第十四篇中提到，要將教的內容區分爲「知識」和「技術」兩種。首先，確認「知識」的部分，可採取一問一答的方式進行。

確認時可根據檢查清單，逐一詢問有關工作的專業用語（尤其是針對相關業界或部門），以及爲了完成工作所需的重點。

例如主管可以問下屬：「你聽說過××這個詞嗎？」（如果對方聽過的話）並接著問：「這個詞是什麼意思？」或者：「在接到某一類的客訴時，你應該將相關訊息告知哪個部門？」可以請下屬以口頭或文字回答上述的問題。

各位或許覺得這麼做很麻煩，但是只要做好一份檢查清單，無論是要指導新進人員或有工作經驗的下屬，只要是同一份工作都可以派上用場。

另一方面，在確認下屬的「技術」時，可利用角色扮演來模擬工作的實際狀況。此時，最重要的是根據檢查清單，事先確定「觀察重點」。我經常有機會到各大企業觀摩業務員的角色扮演課程，卻發現有不少主管只能提供類似「感覺還不錯」等含糊不清的回饋。

如果在結束角色扮演之後，就要求下屬實際前往拜訪客戶，那必須在這個時候就教導他應該做的事。

只要能夠掌握下屬「了解」和「辦得到」的事，再對照檢查清單，就能夠釐清應該指導下屬的內容。

一問一答的確認範例

Q1 接電話時須要注須意的三件事

1

2

3

Q2 在與客戶開會時，應該提供什麼資料？

A1：鈴響三次之內接電話，參考放在電話旁的應對說話範例接聽電話，接通電話時要先說「感謝您的來電」。

A2：公司簡介、成交紀錄、商品簡介、名片（在背後寫上聯絡方式）、試用折價卷等。

CHAPTER 4

怎麼教？

18

以具體的語言指示或指導下屬

「真誠待客」、「確實做好」、「儘早提出」……這三項指示有什麼共通之處呢？

答案是，這三種說法都很含糊不清而且抽象。

在指示下屬採取行動時，把話說得愈具體愈好，但是事實上卻有不少主管說起話來模稜兩可。

這麼一來，下屬根本不知道該怎麼做。

尤其是那些憑感覺就能夠完成工作的優秀主管，更要注意這一點。

以「真誠待客」這句話為例，如果更具體地說成「務必以雙手將商品交給顧客」或「之後看著顧客眼睛點頭，保持三秒不動」，任誰聽了都能做得到，也就沒辦法打混摸魚。這麼一來，就能夠讓客人覺得「這家店對待顧客真的很有誠意」。

而「儘早提出」的「儘早」則會因爲每個人的認知而異，所以一定要明確規定是「明天」、「星期一早上」還是「這個月月中」提出。此外，主管也經常會做出類似「顧客至上」或「追求利益」等內容完全背道而馳的指示。

這也是因爲說法含糊不清的關係。聽到這種指示的下屬，會覺得你要求他「邊走邊跑」。

當有人要求你做出「邊走邊跑」這種完全相反的動作時，你會怎麼做？

一般人會有兩種反應。

一種是不走也不跑，也就是不採取行動。

另外一種就是半走半跑，幾乎不會有任何人非常有自信地「走」或「跑」。

如果你希望下屬做某件事或學習某項工作，**一定要盡可能明確且具體地表達相關的內容**。

19

具體告知下屬應該採取的行動

當你想以語言具體表達行爲時，可以參考行爲分析學在定義「行爲」時所使用的「MORS法則」（具體性法則）。

MORS法則包括以下四項條件。

MORS 法則

- **Measured 可測量**
- **Observable 可觀察**
- **Reliable 可信賴**
- **Specific 明確的**

如果無法滿足上述四項條件，就不能稱作「行為」。

如果更進一步解釋的話，「可測量」就是可計算或寫成數據；「可觀察」就是無論是誰都可以看出是什麼樣子；「可信賴」就是無論是誰都能夠辨識屬於同一種行爲，而「明確的」如字面所示，做法是一清二楚的。

舉例來說，「密切溝通」、「確實停下腳步」和「提升營業額」等說法，乍看之下似乎都是在表示「行爲」，但是因爲完全不符合MORS法則的四種條件，無法視爲「行爲」。

- 密切溝通→「針對每一位客戶每三個月打一次電話，詢問對公司提供的服務的感想」、「每隔兩週寄送一次電子報」
- 確實停下腳步→「靜止五秒」、「伸直手臂貼緊身體」
- 提高營業額→「每週派發二十份海報」、「在資訊網站上刊登廣告」、「每個月贈送三百份試用品」

只要能夠像這樣具體寫出行爲，就知道應該教下屬什麼，也能夠確實檢視自己的指導並客觀評估下屬。

■ 哪一項是行為？

請在你認為是「行為」的項目前畫○

聯絡感情

減重

加強英語會話

確實整理

提高動機

和朋友溝通

＊答案請見第七十四頁頁底

20 小心使用在公司內經常說的話

我在前面不斷提到在指導下屬工作內容的過程中，必須「分解行爲」和「使用具體的說法」。

舉例來說，如果你要求一個從來沒有打過棒球的人，「遇到好球就使勁打出全壘打」，你能夠期待對方打出好球嗎？

什麼叫做「好球」？什麼叫做「使勁」？從來沒有打過棒球的人，完全聽不懂你的話，當然更不可能做出正確的「行爲」。

事實上，以往我也不懂什麼叫做「具體的指示」，只知道一味要求下屬，「如果你不懂就用眼睛學」、「反正要在期限前完成」，現在想想才發現大家對我這個主管還眞是包容。

尤其是在公司裡說得理所當然的話，更應該置換成「行為的分解」和具體的說法。

以「確實管理」的「確實」為例，指的是什麼狀況呢？

「要待客如親」，具體來說又是什麼意思？要怎麼說才好呢？這個時候又應該是什麼表情？應該和對方面對面？還是站在他的身邊？如果要求大家「要集思廣益」，應該在什麼地方表達意見？在會議上、企業內部網路或提出報告嗎？那麼，期限或頻率呢？還有數量呢？

你能夠將你平常理所當然使用的字眼，解釋成具體的行為嗎？

＊全部都不算是「行為」

21 優秀的領導者擅長翻譯

除了上一篇所提到的「必須注意在公司內經常說的話」，我認為課長級的管理階層還須要具備一項非常重要的技術，那就是翻譯。

這裡所說的翻譯指的是，**將以社長為首的公司高層提出的抽象訊息或指令，解釋成具體的行為，告知第一線的下屬**。

社長說的話為什麼經常會很抽象呢？

這是因為社長必須用一句話向領導階層、幹部、新進人員、派遣人員和兼職人員等所有員工，以及企劃和業務等第一線人員和人事、會計、總務等內部各部門傳遞訊息。

如果社長提出「我們要成為堅若磐石的組織」或「要堅持信念」等訊息，身為部門主管的你，面對下屬照本宣科地大喊「我們要成為堅若磐石的組織」，這只會讓下屬一頭霧水不知道你在說什麼。

主管必須要將社長或高層所提出的抽象要求，以具體的說法直接告知自己部門所屬的新進人員、派遣和兼職員工，**讓他們轉換成可採取行動的行為**。

身為主管的你，平常就必須注意這件事。

優秀的管理階層都能夠自然詮釋高層抽象的說法。

除了要取得下屬的信任之外，為了累積自己的經驗，身為主管的你，最好也能夠學會翻譯公司高層的話。

■ 你是否能夠將高層的話簡單易懂地告知下屬？

不要照本宣科，而是要具體解釋高層的話，將它簡單易懂地傳達給下屬。

CHAPTER 5

教到哪裡？

22 將目標換成具體的「行為」

我在前面不斷重複提到以具體的方式說明每一項行爲和業務的重要性。

而長期的指導目標也須要以「語言」來表示。

舉例來說，「學會積極」、「成爲具有實踐能力的人才」、「提高溝通的能力」等目標，就算你不解釋，大家都可以聽得懂，但是卻不夠具體。

當下屬被賦予這些目標時，會有不少人不知道該怎麼做，所以也不知道該從何努力起。

即使是身爲主管的你，要確認自己是否「成功指導下屬」，也會因爲目標太過抽象而無法客觀評估。

因此，**當你在提出類似口號的目標時，必須具體寫出「應該學習的知識」或「必須學習**

的行為」。

這個時候就可以參考第十九篇中所提到的MORS法則。

一方面利用可供測量的數據，例如「將拜訪新客戶的次數提高到每週五次以上」、「每個月必須提出一份新商品企劃」或「將顧客回購率提高百分之多少」，這麼一來就能夠讓下屬了解明確的「行爲」。

在經過詳細考察之後，無論是對主管或下屬，「應該教什麼」或「應該學什麼」就會變得更清楚了。

其次，**就是將目標設得高一點**。對於可以在四個小時內跑完馬拉松比賽的選手而言，如果將目標設定爲三小時五十九分，因爲太容易達成目標，反而會影響鬥志。

但是如果設定成兩個小時，則又可能會因爲門檻過高而早早放棄。

因此，設定只要努力或許可以達成的目標才是最理想的。

5

23 在達成長期目標的過程中設定短期目標

要達成長期目標，當然須要花上很長的時間。

因此，須要設定短期目標（小的目標）。

如果將目標比喻成山頂，要達成目標不僅是趟漫長的旅程，而且沿途的道路崎嶇陡峭，讓人不禁懷疑自己是否真的能夠成功攻頂。

但是如果在這段期間設定短期目標，就能夠讓人努力達成這些階段性的任務。

短期目標的難易度以**稍加努力就能夠達成最好**。譬如我的興趣是跑馬拉松，如果以馬拉松爲例，就是「在下個月之前把跑一公里的時間縮短五秒」或「每週增加兩公里的練跑距離」。

這麼做有兩個好處。

第一個好處就是可以得到成就感。無論是多小的目標，只要能夠達成，這種成功的經驗就會成爲繼續努力和採取行動的原動力。

另一個好處就是藉由逐一達成短期目標，確實走向原本的長期目標（攻頂）。無論是多麼險峻的山路或陡峭的斜坡，只要能夠一步一腳印拾級而上，就一定能夠攻頂。

主管必須和下屬一同設定短期目標，讓下屬朝向目標努力前進。

主管則定期驗收成果，只要下屬達成目標便給予讚美。關於「讚美」的方法，我會在後面的篇章詳細說明。人一旦在某個「行爲」之後得到讚美，就會願意繼續重複這個「行爲」。

短期目標當然也要愈具體愈好，盡可能穿插數據以便確認是否達成。

■ 短期目標和行為的關係

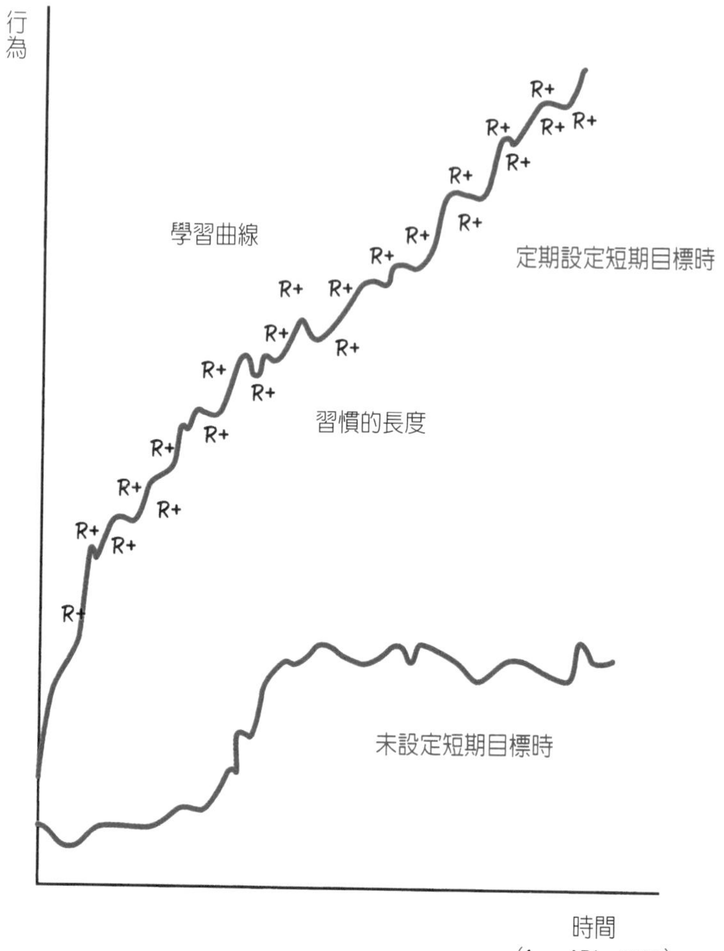

（from ADI，2005）

完成短期目標會成為繼續努力的力量

24 無論是要教導或指示下屬，每次僅限三件事

當我和活躍於大企業的優秀領導者談話，或者觀察他們的工作情形時，發現他們都有一項共通之處。

那就是**在指示或指導下屬時絕不貪心**。

人無法一次記住許多事。

所以我認爲每次最多只能提出**三項具體的行為要求**。

如果下屬負責的是業務工作，最多只能要求他「每天拜訪四位客戶」、「學習打招呼的方式」和「要記得拿公司簡介給對方」。

抱怨下屬工作不如預期的主管都是因爲要求太多。他們不僅要求太多，有時甚至還會

5

要求下屬必須做到「提供等同世界頂級飯店的服務」或「成為全公司的業績冠軍」，而這根本是不可能的任務。

以二十秒的廣播廣告為例，如果在這麼短的時間內，一口氣告訴聽眾產品概念、命名由來、經濟效益、耐用測試的結果、銷售地點、使用者的心聲和連絡者的電話，你能夠完全聽懂並記住嗎？

應該只有記憶力非常好的人才可能辦得到吧！

那麼，傳遞訊息的人該怎麼做呢？只能將想要傳遞的訊息內容加以精簡。

接下來，我將介紹精簡訊息內容的方法。

25 製作「不必做」清單

在傳遞訊息時，應該注意什麼呢？

一般來說，**大家會先決定什麼樣的訊息須要優先傳遞，但我認為先決定什麼樣的訊息「最不須要」傳遞更是重要**。

大家聽說過「劣後順序」這個詞嗎？

舉例來說，如果今天要做的工作有十項，決定要先做哪一項就是「優先順序」。因爲最後必須完成十項工作，就算改變先後順序，完成工作所需的時間也幾乎不會改變。

如果只鎖定其中特別重要的兩、三項工作，其他的都不做，這就叫做「劣後順序」。

也就是說，**主管的任務就是釐清什麼是下屬「不須要做的事」**。

請告訴你的下屬「我要求的是業績，爲了達成業績，請你做這些工作。而那些工作沒有用，所以不須要做」。

如果以八〇／二〇法則（帕雷托法則），也就是「二〇%的員工創造八〇%的業績」來說的話，前二〇%的員工都能夠自然決定出「劣後順序」。

而剩下的八〇%則辦不到。因此如果上管能夠明確指示「劣後順序」，就能夠使八〇%的員工的行爲更靠近前二〇%的員工。

如果能夠製作與「必做」清單相反的「不必做」清單，來確認下屬沒有做不必要的工作，這才是最理想的做法。

■ 決定劣後順序

依照範例為下屬或新進人員製作「不必做清單」

不必做清單
□ 上午不收發 E-mail
□ 客戶交由新進人員接待
□ 本週不拜訪既有客戶
□
□
□
□
□
□
□
□
□

26 除了分內的工作，也要教導下屬工作的意義和全貌

在教導下屬工作時，**必須確實解釋工作的意義**，例如「爲什麼這麼做」。

尤其是在進行團體或跨部門合作計畫時，經常會很難找出工作對每個人的意義和重要性。

但是對這個計畫而言，每項工作都是不可或缺的。每項任務都是靠每一個人的努力完成的，如果說得更精準些，是靠著每一個「行爲」累積而成的。

更進一步來說，每個人的「行爲」也支持著公司貫徹理念。

爲了要讓下屬了解這件事的重要性，必須要讓他們掌握即將執行的業務定位和整個計畫的意義，也就是計畫的「全貌」。

這麼一來，**下屬才能夠確實執行應該採取的行動**。

當你希望某人幫你找來石頭在營地堆成爐灶時，沒有人會不告訴對方目的，只要求他去找石頭。

然而職場上卻經常發生不告訴下屬工作的意義和目的，只說明工作內容的情形。

此時，必須讓下屬了解工作與相關部門和成員之間的「關係」。

此外，清楚告知下屬工作的範圍，也是非常重要的事。

面對第一次打棒球的選手，只告訴他「守住內野」是不行的，因爲說不定他連內野在哪裡都不知道。

必須明確告知他防守的範圍和四周其他選手的工作，例如「左、右外野手和二壘手會防守特定的位置，你要負責接住內野的球」。

這麼一來，下屬就能夠充滿自信地做自己的工作。

27 不要相信「我懂了」這句話

當你教完下屬或新進人員一件事時，你問對方：「聽懂了嗎？」他們應該會回答：「懂了。」

在這看似理所當然的答案中，隱藏著很大的陷阱。

因爲就算他們回答你「懂了」，**事實上有不少人就算沒聽懂也不好意思說「不懂」。或者他以為自己聽懂了，事實上卻理解錯誤，或是連自己究竟懂了沒有都不知道。**

我以前也是只要聽到對方說「懂了」，就會以爲他是眞的懂，但是我錯了。

儘管你花了許多時間和工夫教導下屬，但他如果還是不懂，你的指導工作就不算結束。

因此只要你教完一件事，就一定要確認對方是眞的了解或眞的學會了。確認的方法有很多，我在此舉出三種爲例，各位可依照教導的內容或當時工作忙碌的程度來做選擇。

1. 請下屬重複一次

這是確認對方是否了解你所教的內容最簡單的方法。

只要你在開始指導前告知下屬，最後你會要求他重複一次聽到的內容，就能讓下屬更專心學習。

如果是教授技術，可以請下屬重複一次你示範的動作。

要判斷下屬吸收的程度，可參考第十六篇中提到的檢查清單。只要事先將所有項目中特別重要的重點製作成清單，下屬「重複的內容」或「演練的技巧」包括在這些重點當中就算及格。如果有遺漏，就再針對這個部分重教一次。

2. 請下屬交報告

請下屬根據你指導的內容寫出學習心得。

5

這個方法雖然比重複一次更花時間也更費工夫，但是對下屬而言，卻是思考學習內容的機會，而主管也更能夠客觀冷靜地確認和評估自己的指導成果。

評估的標準也可以參考第十六篇中所提到的檢查清單。

只要設定及格標準，例如五項重點中只要寫出四項就算及格。

3. 讓下屬思考成功和失敗的模式

「懂」和「能做（能夠使用）」之間有很大的距離，相信各位都有過明明知道但實際到了現場卻無法活用的「經驗」吧！

如果把學會的東西依樣畫葫蘆就能夠解決問題的話，那也就罷了。但大多數的時候，因爲合作的對象或當時的情況不同，必須隨機應變活用學習的內容。

雖然「事不到臨頭無法處理」的說法不無道理，但我認爲在這個階段還是可以讓「懂」盡可能接近「會做」。

那就是**讓下屬說明今後要如何在工作上運用所學**。這或許有點像是專業體育選手進行的假想訓練，不過不是漫無目的地想像，重要的是必須著眼於成功和失敗的關鍵。舉例來說，你可以提出下列的問題。

「你認為要如何運用今日所學在你的工作上才會成功呢？」或「你認為如果使用這種方法會失敗嗎？」要盡可能請下屬分別說明重點和理由，這麼一來就可以讓他們透過語言，表達「對成功的想像」和「不能做的事」，讓「理解」在某種程度上向「能夠做到」靠攏。

28 將「理解」轉變成「能夠做到」所需的支援

我們爲什麼要教下屬工作呢？答案很簡單，就是希望他會做這份工作。如果是這樣的話，只「教」他工作是不夠的。

因爲「理解和能做」與「將它實際運用到工作上」之間，有很大的距離。

有不少計程車司機只要乘客一上車，就會開始播放要求乘客繫上安全帶的廣播（編按：較常見於日本）。我們每個人都會繫安全帶，也都知道萬一發生事故，沒有繫安全帶是很危險的事。

但是卻有不少人因爲嫌麻煩，在行駛一般道路時並不會繫上安全帶。

即使你知道對方希望你這麼做，但要實踐或持續卻很困難。

無法持續學習英文或保持快走的習慣也一樣，爲了達成「會說英文」或「減重以維持身體健康」的目標，即使知道「行動」是必要的，也會忍不住偷懶或選擇輕鬆的路走，這是人的天性。

「接下來應該就是當事人自主性的問題了吧！」

我非常了解會有人這麼想，不過遺憾的是，所謂的自主性是非常不可靠的東西。

爲了讓下屬持續實踐「你希望他學習的行爲」（也就是你知道透過這個行爲能夠確實提高成果的行爲），**絕對須要身為主管的你的支援**。

因爲只有這樣，你的「教的技術」才算大功告成。

CHAPTER

6

稱讚很重要

29 利用考滿分的成功經驗支持下屬成長

主管的鼓舞和支持可提高教育下屬的效果，最具代表性的做法就是交付下屬他確實能夠完成的工作，**藉此累積成功的經驗**。

若以補習班爲例，相信大家就不難了解我的意思了。

面對一個不喜歡讀書的小五學生，優秀的補習班老師該怎麼做，才能幫他培養學習的習慣呢？

首先，應該讓他接受四年級或三年級學生程度的測驗，當然，不要事先讓孩子知道測驗是屬於哪個年級。

這麼一來，大部分的學生應該都可以考到將近滿分。如果他還是考不好，就讓他寫二年級程度的考卷。

在確定他能夠考滿分之後，就讓他不斷重複寫同樣程度的考卷，累積「考滿分」的成功經驗。

這麼一來，他不僅能夠得到成就感，同時也會產生自信，覺得只要自己願意就一定能夠做得到。

之後他就會主動讀書，而這就是教育孩子的法則。

如果一開始就讓他寫很難的考卷，情況又會如何？

孩子會因爲不會寫而放棄讀書。

工作也一樣。

為了要教會那些不知道該怎麼做事或怎麼教都教不會的下屬，請給他們一份一定能夠完成的工作，幫助他們考滿分。

因爲下屬愈早擁有愈多的成就感，就會對自己愈有自信，之後再逐步提高工作的難度就可以了。

最重要的是，主管必須創造這樣的學習過程。

6

30 培養「思考能力」也須要分解行為

接下來，我將從別的角度來討論，一開始就讓下屬能夠勝任工作的重要性。

培育人才最重要的目的在於，「讓他們了解不懂的事」或「學會原本不會的事」。

然而，在這之前還有一件非常重要的事。

那就是：隨時都會做自己原本已經會的事。

但讓人意外的是，有不少主管認爲，這兩件事的先後順序應該相反。

主管在確認下屬會做什麼和不會做什麼之後，應該從會做的事當中，找出下屬「百分之百會做的事」讓他做，藉此讓他考滿分。

之後再認可下屬完美達成任務，建立彼此之間的關係，更進一步確認下屬「隨時都能夠完成會做的事」。

這麼一來，下屬才有辦法挑戰不會做的事。之後主管只要循序漸進增加工作的難度就可以了。

此外，在職場上經常可以看到，主管要求連基本工作都還無法勝任的下屬「自己想」。

你會要求一個還不會加減乘除的孩子，靠自己解開方程式嗎？不會吧！

但是在職場上卻經常發生類似的事。

如果是為了刺激下屬的「思考能力」，你就必須將「思考」的過程分解成一個個的「行為」，讓他了解思考的先後順序並加以說明。

這就好像爲不會向後轉的人逐一解釋每個動作，例如「這裡手臂要彎曲」或「腳要往這個方向踢」，同時示範給他看，這兩件事是同樣的道理。

首先，要讓下屬利用基本的工作爲自己加分，因爲這樣他就會有自信靠自己思考，之後再培養他「思考的能力」就可以了。

31 為什麼須要「稱讚」？

爲了要更有效地教育下屬，還有一個方法，那就是「稱讚和訓斥」。

在我們討論稱讚和訓斥的方法之前，我要先從理論的角度說明，人類行爲原理的「ＡＢＣ模式」。

A 先決條件（Antecedent）……採取行動之前的環境

↓

B 行為（Behavior）……行為、發言、舉止

↓

C 結果（Consequence）……採取行動之後環境產生的變化

這裡所說的「先決條件」或許有點難懂，其實就是指人在做出特定行爲之前的環境，以及做出這個行爲的目的、目標和期限。

A「先決條件」、B「行爲」和C「結果」之間有明確的因果關係，如箭頭所示，「行爲」受「先決條件」影響，同樣的，「結果」和「先決條件」也分別受到「行爲」和「結果」影響。

也就是說，爲了目的（A）而做出行爲（B）時，如果得到想要的結果（C），（C）會影響（A），而（A）就會影響（B），當事人就會持續或反覆出現這項行爲（B）。以下是具體的例子。

A 先決條件「電車裡很悶熱」
←
B 行為「搧扇子」
←
C 結果「變涼快」

A 先決條件「有人請你吃餅乾」
←
B 行為「吃一個」
←
C 結果1：很好吃
結果2：你不喜歡餅乾的味道

第一個例子因爲搧扇子讓他變得涼快，所以這個人應該會繼續「搧扇子」這個行爲。而第二個例子，如果吃餅乾的結果是「很好吃」，你就很可能再拿一個來吃。如果結果是「你不喜歡的味道」，你可能就再也不會吃它了。

所有行爲都建立在類似的因果關係上，人類的「意志」對這樣的因果關係沒有太大的影響。

因此，如果你想要下屬做出或學會某種行為，與其鼓勵他們加把勁或振作一點，還不

如控制A、B、C之間的因果關係來得有效。

那麼，要如何控制這個因果關係呢？

就以往的管理方法來看，重點幾乎都是放在「先決條件」。也就是只要設定好「目標」，下屬爲了達成目標就會採取行動。

如果下屬的行爲不如預期，就責備他們「太過散漫」。

這個時候的重點，在於讓下屬傾向採取某種行動的原因，也就是行爲產生的「結果」。

如果搧扇子就會變涼快，大家就會繼續搧。如果吃餅乾得到「很好吃」的結果，就會再吃一個。

在工作上如果能夠得到想要的「結果」，就能夠讓下屬更頻繁地採取相關的「行爲」，更主動地面對工作。接下來，我將要介紹控制「結果」的方法。

32 如何「強化」行為？

我在前一篇中介紹了「ＡＢＣ模式」，以及要增加下屬做出重點「行爲」的頻率，「結果」要比「先決條件」重要的概念。

無論是用扇子搧風或吃餅乾，在完成相關動作之後，都出現了「變涼快」或「吃了好吃的餅乾覺得很幸福」等的「結果」。

但無論是工作或培育人才，主管希望下屬實踐或學習的「行爲」，有許多都不會立刻出現明確的結果。

以拜訪新客戶的「行爲」爲例，照理說只要增加拜訪的次數且持續不斷，應該就會出現你所期待的「業績成長」這個「結果」。但事實上下屬在做出「行爲」之後，幾乎無法獲得「好的結果」。

假設你每天聽英文廣播，這個行爲應該會產生語言能力提升的「結果」，但遺憾的是，即使你聽完一次廣播，也無法期待立刻就獲得「聽懂美國人說話」這個簡單易懂的「結果」。

此時在「行為」之後，刻意給予對方想要的「結果」的做法，就能夠派上用場了。簡單來說，就是讚美對方。

如果是喜歡吃巧克力的人，每次聽完英文廣播，就能夠拿到高級巧克力的話，應該會大幅提升繼續這個「行爲」的意願。

行爲科學將這樣的現象解釋成「聽英文廣播的『行爲』，被高級巧克力『強化』了」。

行爲分析學和行爲科學的專家，透過許多實驗證明，經過強化的行爲，出現的頻率的確會增加。

「強化」行為的工具有很多，對上班族來說，最有效的就是主管的讚美與認同。

讚美對培育人才很重要，從科學的角度也是說得通的。

33

給不擅長稱讚下屬的主管的建議

有不少企業主或公司主管，都表示自己不擅長稱讚下屬。

尤其是四十歲以上的人。因爲在他們那個時代，無論是父母、老師或公司的主管，都認爲嚴格管教和斥責子女、學生或下屬，是理所當然的事。

只有在成功挑戰非常困難的任務之後，才可能獲得稱讚。

因此應該沒什麼人在確實完成「日常的工作」，例如寫完功課、結束社團訓練或公司的正常業務時，得到父母、老師、學長或主管的讚美吧?!

事實上，根據一項針對四十五歲以上的管理階層所做的調查結果顯示，有高達九十五%的人在擔任一般職員時，從來沒有獲得主管稱讚。

大家常說每個人在爲人父母之後，會以父母管教你的方式，來管教自己的子女。這也難怪，因爲你只知道這種方法。同樣的，從來沒有被稱讚過的人，在成爲主管之後，也不會稱讚下屬。

但是稱讚下屬的目的，是希望「強化」你希望下屬學習的行爲。

那麼，應該稱讚什麼呢？沒錯！就是稱讚他的「行爲」。**你稱讚的重點不是下屬的人品或個性，而是他的「行為」**。

只要了解這一點，就應該不會覺得「稱讚他人」是件棘手的事。

我經常會遇到公司的主管跟我訴苦，說他們搞不懂下屬在想什麼。我經常會這麼回答他們：**「你不用搞清楚他們在想什麼，只要把重點放在他的行為，認同他的工作成果，確實稱讚他就行了。」**

CHAPTER

7

「訓斥」和「生氣」是不同的兩件事

34

為什麼可以訓斥，但是不可以生氣？

「生氣」和「訓斥」有何不同？

我以前曾經在一位著名哲學家的書中，看到他將憤怒定義爲「因爲自己訂定的目標和現狀之間有著極大的差距，在找不到拉近這個距離的方法時所產生的情緒」。

也就是說，人在一切順利時是不會生氣的，只有在「事情明明應該是這樣，但是現在卻是這樣的狀況」的時候，才會生氣。

根據長久以來的經驗，大家應該都知道生氣是無法解決問題的。

舉例來說，沒有人會生嬰兒的氣，然後告訴他：「還有兩年就要上幼稚園了，趕快學著走路，不要在地上爬了。」而且當原本在地上爬的孩子忽然站起來，你還會稱讚他：「好厲害！」

但是爲什麼長大之後，卻要反其道而行呢？

你如果對嬰兒生氣，接下來會發生什麼事？他就不會想站起來走路了，因爲他覺得這麼做你又會生氣。

行爲分析學將這樣的現象解釋爲「憤怒使行爲消失」。

我在第三十一篇中曾提到稱讚也可以強化行爲，使特定行爲出現的比例增加。

因此，你如果想使特定的行為出現的頻率增加，就給予讚美，而這就是教育下屬的主要原則。

但是如果還是忍不住對下屬或後進發火，只要跟他們解釋你生氣的原因，例如：「剛才眞的很抱歉！沒能認清目標和現狀，仔細分析彼此間的落差並找出解決的方法，是我不好！」就可以了。

另一方面，「訓斥」則是在必須改善對方的行爲時，給予提點或要求的行爲。

如果是眞的爲對方著想，有時也須要加以「訓斥」。不過這個時候須要注意幾件事，接下來我將更進一步說明這些注意事項。

35 訓斥他人時，該做和不該做的事

我在第三十二篇中曾提到稱讚的對象應該是「行爲」，而訓斥時也一樣。絕對不可以拿下屬的人格或個性大做文章。

你如果罵對方「因爲太邋遢，所以業績才會上不來」或「每個人都會做的事，你竟然做不好，你的父母是怎麼教你的」，試問，你的下屬或後進面對這樣的指責，該如何改進呢？

就算你怪下屬因爲他老是發呆，所以做不好工作，這樣依然無法解決問題，而下屬聽到這些話，也會無法再相信自己的上司。

因此，訓斥一個人時，要著眼於這個人的「行爲」。

必須將問題鎖定在「應該做卻沒有做」和「不可以做卻做了」的行為。

如果你的下屬每次開會都遲到，你提醒他，因爲他總是晚五分鐘才開始準備才會遲到，並要求他「把這點改一改」的話，他的行爲應該會有所改善。

不過，只有責罵是無法輕易改變行爲的。下屬在遭到主管訓斥之後，行爲應該會有所改善，但是如果不改變「行爲的習慣」，很可能又會故態復萌。

因此，除了一味的訓斥，更重要的是告知下屬改變行爲的方法。舉例來說，你可以建議下屬可以利用手機鬧鈴，在會議開始前十分鐘提醒自己。當下屬準時出席會議時，也要記得稱讚他。

或許有人認為在訓斥下屬時，如果提供改善的建議彷彿是在討好對方，其實並不然。

你訓斥下屬是希望對方改變行爲，朝你期待的方向發展，然後支持他能夠繼續保持你希望他做的行爲。這兩件事必須一起作用，才能讓「訓斥」這個行爲發揮最大的效果。

36 重點在於誰負責稱讚和訓斥

討論訓斥和稱讚方法的書和文章有很多，但是除了這些技術性的方法外，還有一個很重要的原因，可以影響稱讚和訓斥的效果：

那就是負責稱讚和訓斥的人。

稱讚（訓斥）的重點不在於內容，而是在於負責稱讚（訓斥）的人是誰。

如果稱讚自己的主管，是平常就能夠適當評估自己的行爲，讓下屬覺得自己因爲是在他底下工作，所以才能夠享受工作的樂趣，被這樣的主管稱讚，理由是因爲客戶感受到自己的細心，所以才能夠創造業績的話，下屬一定會表現得更加積極。

相反的，如果是自己無法尊敬或討厭的主管或前輩，不要說是訓斥，就連「稱讚」都無法充分發揮作用。

如果主管平常就只會抱怨自己的主管或公司，無論是被這樣的主管稱讚或訓斥，下屬應該都無法接受。

曾經有人問我，他以前因爲自己的主管很情緒化，讓他有所成長，因此他是不是也應該對下屬大發雷霆比較好？

這種情況是因爲你很佩服那位主管，你們互相信賴，憤怒才能夠產生正面的效果，這堪稱是稱讚（訓斥）的內容並不重要最典型的例子。

最根本的問題在於，你自己是不是一個值得尊敬的主管或前輩？閱讀相關的書籍，學習稱讚或訓斥的說法當然會有所幫助，但其實並不須要太善解人意。因爲只要你拍拍下屬的肩膀、看著他的眼睛、大大點個頭，並且讓他知道「我認同你的行爲」，這樣就夠了。

CHAPTER

8

為了讓下屬保持良好表現

37 拋棄動機的神話

不只是在商業或體育的世界，現在就連學生或小孩，都理所當然地把「動機」這個字掛在嘴巴上。

這個字原本是念頭、給予念頭或自動自發的意思，最近卻被用來當作「幹勁」的同義詞。

甚至還有不少人非常矛盾地說：「我雖然有動機，卻沒辦法去拜訪客戶。」正常來說，如果有幹勁的話，應該就可以去拜訪客戶了，所以說不定這只是個藉口罷了。

我經常在研討會上強調：「**請大家不要以『動機』或『幹勁』等模稜兩可的說法，來判斷下屬的行為，請計算他們採取行動的次數。**」

只要拜訪的客戶數目持續增加，就表示下屬有幹勁。就算下屬沒說，你也會知道。相反的，如果拜訪的客戶數目減少，不管當事人怎麼說，都表示「動機」確實降低。

爲了要提振眞正的「動機」（給予動機或自動自發）而非所謂的幹勁，可以對下屬說明工作的意義或描繪清楚的遠景，讓他了解如果工作順利完成，結果將值得期待。

這就是第三十一篇中提到的「ABC模式」中的「A（先決條件）」。

爲了讓下屬做出你希望他做的行爲，這是個非常有效的方法，但是要讓它保持下去並不容易。爲了讓下屬持續做出你希望他做的行爲，必須加以強化。

38 「強化」教學內容，讓下屬繼續保持

所謂的「強化」，指的是爲了讓下屬重複某一個動作的行爲。

爲了讓下屬在工作中不斷活用主管教授的技術和知識，「強化」是不可或缺的條件。

接下來，我將根據第三十一篇中所介紹的「ＡＢＣ模式」來加以說明。

A　先決條件（Antecedent）……採取行動之前的環境

↓

B　行為（Behavior）……行為、發言、舉止

↓

C　結果（Consequence）……採取行動之後環境產生的變化

如果在採取行動之後，得到的結果是自己想要的，當事者就會持續重複這個動作。這是人類的行爲原理，這種現象被解釋爲**「行為因為得到想要的結果而被『強化』」**。

當你的下屬或後進做出你希望他們做出的「行爲」時，都一定能夠得到想要的結果的話，他們就會持續做出同樣的行爲。不過在職場上有不少「行爲」，不一定能夠馬上獲得想要的結果。

以業務爲例，下屬之所以採取「逐一拜訪名單上的公司」的「行爲」，是希望得到「簽約」的結果。

但是就算拜訪完一家公司，也未必能談成一件生意。事實上，有時候必須拜訪數家或數十家公司，才可能談成一件交易。

如果經過不斷的拜訪卻都得不到「結果」，下屬就會降低拜訪的速度，溜到咖啡廳打發時間的情形也可能愈來愈多。

當下屬不再持續進行「逐一拜訪名單上的公司」這個應該持續進行的「動作」時，有不少主管會將理由歸咎爲「下屬缺乏毅力」，於是要求他們「要有幹勁」。

但是行爲科學並不認爲這是有無毅力的問題，而是因爲採取行動之後，無法獲得想要的結果，所以無法繼續同一個動作。主管可以藉由有意識地提供「想要的結果」，支持下屬繼續努力。

那麼，什麼才是下屬「想要的結果」呢？

那就是**對行為本身給予明確的評價**。

一般來說，公司裡的主管在管理下屬或後進時，大多將重點放在他們工作的「結果」或「成果」上。在審核他們的工作表現時，也是最重視這兩件事。

但是，**因為所有的結果，都是平日各種「行為」累積而成，因此主管應該注意的是下屬的「行為」**。

如果想要更進一步改變「結果」的話，就只能改變「行爲」。

如果你希望獲得某種「結果」，就只能將以往的「行爲」，確實改變爲可創造出結果的「行爲」。

如果下屬或後進在你的指導下，確實採取能夠創造結果的「行為」，請務必給予好評。

一次的行爲無法立刻創造出想要的「結果」，但是如果這個「行爲」能夠獲得好評，就會讓下屬覺得「主管確實看到我的表現」或「主管認可我的行爲」。

這對他們來說，就是他們「想要的結果」，行爲也會因此被「強化」而不斷重複。

如果是不斷創造出絕佳「結果」的優秀員工，平常就會獲得好評，基本上就算沒有主管的支援，也能夠不斷做出你希望他做，而且也能夠創造結果的「行爲」。

但是始終無法做出「結果」的員工，在過程中即使做出「你希望他做的行爲」，也無法獲得好評。

要持續一個無法獲得好評的「行爲」，是非常困難的一件事。

因此，身爲主管的你，給予下屬的「評價」影響非常之大。

接下來，我們將繼續討論如何具體給予下屬「評價」。

39 計算行為的次數，給予正確「評價」

要想讓下屬感覺到，你因爲他做出「你希望他做的行爲」而給予「好評」，最簡單的方法就是稱讚他。

除了語言之外，還可以透過凝視對方然後點頭或拍肩膀等方法，只要讓下屬感覺到主管贊同他的「行爲」，就是成功的「評價」。

但是要想利用「評價」確實「強化行為」，還有一個方法：那就是測量。說得更清楚些，就是計算下屬做出你希望他做的行為的次數。

以業務爲例，如果下屬拜訪了名單上的一家公司，那就是「1」。因爲你不可能一整天都跟著下屬，計算他做出目標行爲的次數，因此可請下屬自行計算和記錄。主管只要負責確認，在下屬完成動作時給予評價。

你也可以請下屬將結果記錄在記事本中，之後再以口頭報告。如果想讓主管清楚看見自己努力的成果，可以製作圖表。

只要下屬不斷重複主管希望他做的「行爲」，就能夠逐漸往想要的「結果」靠攏。就算當下無法獲得明確的「結果」，能夠透過圖表清楚了解實際採取行動的次數，也會是極大的鼓勵。

在測量下屬採取行動的次數時，最重要的是鎖定能夠直接創造結果的「行為」。如果拚命計算無關緊要的行爲，不僅毫無意義，還可能因此增加下屬做出不必要行爲的次數，要多加注意。

主管和下屬可參考第十六篇中所提到的「確認清單」，一同篩選出最重要的行爲。

如果無法以數據評估這個行爲，可將它分成「優／良／普通／差／劣」五個等級。

此時必須注意，不要讓下屬和其他員工相互比較，最重要的是，讓他記錄自己針對特定行爲所設定的目標達成率。

■ 將測量的結果製成圖表

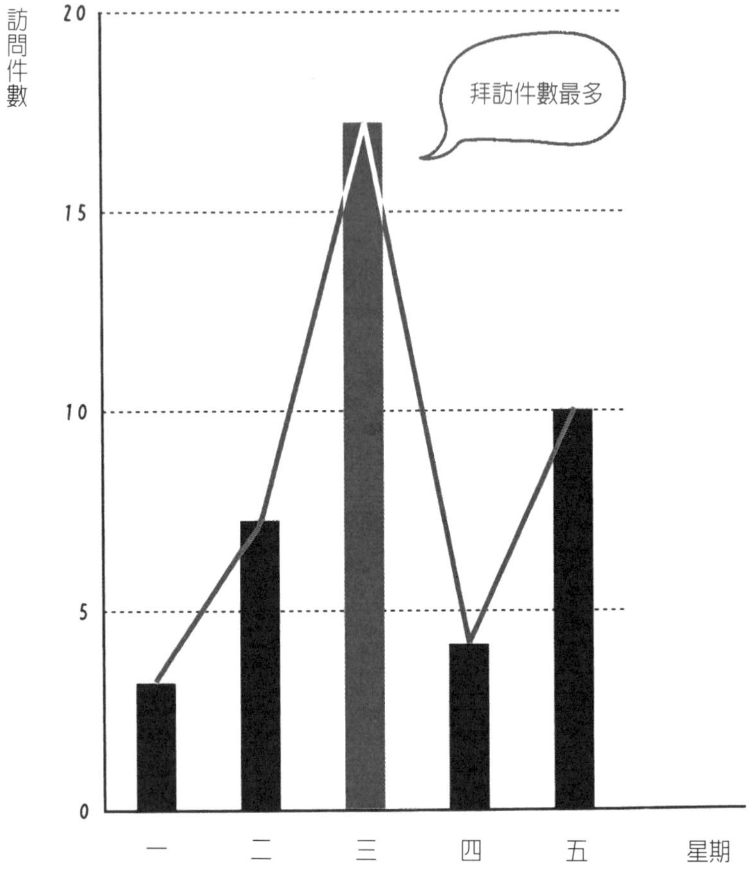

以數字表示可明確看出下屬的行為，方便給予稱讚。

40 利用定期回饋完成指導

在下屬計算出「你希望他做的行爲」的次數，並製作成圖表之後，接下來就輪到你給予回饋。在檢查過定期紀錄，確定下屬順利採取行動的話，就給予稱讚。但這也不是什麼大不了的事，只要告訴他「你做得不錯」就夠了。

那麼「定期」的頻率大概是多久呢？**要想「強化」行為，給予回饋最理想的時間是在行為發生之後（六十秒之內）**。

如果對方是小孩子，在行爲發生的次日才稱讚他，將無法「強化」他的行爲。但如果是大人，就算一段時間之後才給予讚美，「強化」行爲的效果，和在行爲發生之後給予讚美是一樣的。

根據行爲分析的實驗結果顯示，給予回饋的有效期限長達兩週。如果是在一個月之後才給予回饋，就完全沒有「強化」的效果了。因此，**至少每兩週就和下屬一同檢查紀錄一次**。

而且無論再怎麼忙，都要按照計畫的週期進行。如果三天打魚，兩天曬網，會明顯削弱「強化」的效果。

只要主管和下屬、前輩和新進人員一同找出，可創造「結果」的「希望對方做出的行爲」，同時加以計算並記錄次數給予回饋，下屬和新進人員就能夠持續做出「你希望他做出的行爲」。

這麼做的好處還不只這些。

由於下屬和主管針對共同的目標一起努力，同時確實評估結果，因此可以加強雙方的互信度。此外，由於指導的目標明確，所以能確實提升主管培育人才的方法和管理技巧。

41 你能夠把工作交給下屬或新進人員嗎？

主管在培育人才時，必須知道行爲分析學中常用的說法：「提示」和「撤除」。

「提示」是協助對方方便採取某種行動，就好像在猜謎時提供猜謎者言語上的提示，或是給予正在練習倒立的人身體上的協助，如幫忙扶住高舉的雙腳等。

而「撤除」則是指解除輔助的意思。

無論是在游泳池裡使用的浮板，或兒童腳踏車兩側的輔助輪，都是一種輔助。

腳踏車的輔助輪是做什麼用的呢？是爲了讓孩子學習不靠輔助輪也會騎腳踏車，而游泳訓練的目標，也是爲了不靠浮板游泳，而不是「抓著浮板游得像條美人魚」。

但是在我拜訪過許多公司之後，我發現有許多主管都讓下屬「騎著裝有輔助輪的腳踏車」到處跑。

這些下屬和其他公司開會時，隨時有主管跟著。會議的資料明明應該完全放手交給下屬準備，主管卻經常構思好文件的內容，寫好草稿交給下屬。

以主管陪同前往其他公司開會為例，如果是在下屬還是菜鳥時，於介紹產品等重要場合若無其事地給予協助，倒也無可厚非。

但是這些動作都是為了讓下屬日後能夠自食其力所提供的協助，總有一天必須放手。

身為主管的你，即使會注意提供新進人員所需的幫助，卻不在乎何時應該放手。

這麼做會妨礙下屬真正的成長和自立。無論是主管或下屬，經常會在毫無自覺的情況下忘記撤除協助，所以請大家趁這個機會檢討一下自己的做法吧！

42 慎選「強化」的行為

接下來，爲了讓各位更容易了解問題所在，我將以父母教導孩子讀書爲例，討論各位在職場上也一定會遇到的類似情形。

有一位母親要求她就讀國小卻從來不念書的孩子，每天一定要看三十分鐘的書，看完書之後才可以打電動或看電視。孩子只好非常不情願地開始看書，這個動作讓從來沒有看過孩子讀書的母親非常高興。她每天算準時間在三十分鐘之後幫孩子準備點心，並稱讚他「很乖」、「做得很好」。

一個月之後的某一天，這名母親翻閱孩子的筆記本，驚訝地發現孩子的字寫得亂七八糟，根本無法辨識。

然而以行爲科學的角度來看，不斷「強化」孩子「用寫得亂七八糟的字來做功課」的行爲的人，不是別人，就是這位母親。

因爲她只把重點放在「讀三十分鐘的書」，而且不管孩子的字寫得多醜，都不斷地稱讚他，也就是說，她除了「讀三十分鐘的書」之外，同時也強化了「寫很醜的字」這個行爲。如果她希望孩子把字寫得漂亮，應該要清楚告訴孩子，並定期檢查孩子的作業本。如果孩子把字寫得很漂亮，才給予稱讚。

同樣的情形也經常發生在職場上。有不少主管因為下屬加班的時間很長，或者每天都在外奔波，就覺得他們很勤勞或是表現得不錯，因而覺得放心。

加班的時間長，原因可能在於規劃工作時間的方式有問題，或是在製作企劃書時，花了太多時間整理文件的格式，也有可能是因爲沒有整理資料，所以無論做什麼都要花更多的時間。

對於那些不須要像新進人員般緊盯他們工作表現的資深員工，主管更要費心，要經常像檢查國中生的「作業本」一般，檢查他們的「工作內容」。

CHAPTER

9

這個時候該怎麼辦？

43

面對任何下屬，「教法的基礎」都一樣

無論主管的任務是教導下屬新的工作、進行工作的方法或動作，還是長期協助下屬成長，最重要的關鍵在於「行爲」。

要想創造成果，一定有必須採取的行動。如果下屬做不到，主管一定要教到會爲止。如果是做出這項行爲的次數不夠，主管就必須想辦法增加次數。如果下屬做出「你不希望他做出的行爲」，干擾他做出「你希望他做出的行爲」，主管就必須想辦法制止（或減少）。

透過這樣的方式，只要能夠增加下屬做出創造成果所必需的「你希望他做出的行爲」，就一定能夠得到你想要的成果。

在這個過程中，下屬的個性或意志堅強與否，都不是指導的重點。指導的重點始終都是「行爲」。

我要強調的是，**就算下屬比你年長（甚至是外籍人士），只要聚焦在「行為」這上面，就能夠進行有效的指導**。

不過，如果能夠考量下屬的特性或立場配合指導的話，將有助於彼此的溝通和改善指導氣氛。

以我為例，我絕對不會因為下屬的性別而給予差別待遇，但是會有所區別。

例如搬重物的工作，我會交給男同事。部門的成員在經過長時間工作後，到了休息時間，我也一定會讓女同事先休息。當主管和下屬一同等電梯時，有的男主管會不顧一旁的女同事先行進入電梯，但對於我來說，則是完全無法理解這樣的行爲。

人之所以會因應不同的特性和立場，考量或顧慮不同的事物，是因為尊敬對方。主管對下屬必須常抱尊敬之意，針對對方的「行爲」給予指導和教育。只要能夠做到這件事，就一定能夠提升你的領導和管理能力。

44 年長的下屬

由於泡沫經濟崩解，企業擴大裁員，再加上全球化導致競爭激烈，使得日本依照工作年資決定職位和薪資的制度，以出人意料的速度快速瓦解。

因此，以往日本企業絕對不可能出現主管帶領「年長的下屬」的現象，現在反而變得再稀鬆平常不過。

那麼，主管該如何指導比自己年長的下屬呢？

我認為最重要的是，不要以主從的身分來看待主管和下屬之間的關係。

也就是把兩者當作是因爲所處的位置不同，分別扮演「帶領團隊給予指示」和「在第一線創造成果」的兩個角色。如果主管能夠以「兩人是依照彼此的長處負責不同的工作，但立場是一樣的」態度來面對下屬，在指示或指導下屬時，應該就不至於不知所措了。

「第一線就麻煩某某先生，如果發現任何問題，請立刻回報。我會負責調整或處理。」

就算不說出口，只要以這種態度來面對下屬，同樣身爲具有專業能力的人，一定能夠順利完成彼此的工作。

這麼說雖然有點不禮貌，但年紀較長卻只能在他人手下工作的人，多少都不夠機靈，或是可能不懂得有效利用時間。

因此，要注意不要過度擴增他們負責業務的分量或範圍。

在分配工作時，要以充分活用下屬的強項和專長爲優先。

當然於公於私最重要的是，將年長的下屬視爲人生的前輩表示敬意。

45 二度就業的員工

二度就業的員工，主要是靠以往的資歷獲得公司聘用，作爲可馬上派上用場的戰鬥力。

或許有不少人認爲，因爲他們已經累積相當的工作經驗，所以不須要花太大的力氣教他們工作，但是，**正因為他們曾經在其他公司工作過，更須要確認一些事**。

那就是他們對這份工作的了解，以及能力所及的程度。

即使他們以往曾經待過同樣的業界，負責或擔任過相同的業務或職務，但是「要創造成果的行爲（工作的方式）」不可能完全一樣。不同的公司，業務用語的使用方法也大多不同。

首先可以利用之前第十七篇中介紹的方法，釐清下屬「已經知道／不知道」和「辦得到

辦不到」的事。如果有不知道或辦不到的事，要確實教導他們，這是第一個重點。

主管在面對有經驗的下屬，要確認有無基本知識和技術並給予指導時，多少會裹足不前。

但有不少有經驗的員工在執行日常業務時，會不好意思詢問一些基本問題，或是不清楚相關用語的使用法，是否和之前的公司一樣。

第二個重點，就是徹底執行「劣後順序」。所謂的「劣後順序」，如同第二十五篇中所說，就是「不須要做的事」。有經驗的員工會依照以往的職場經驗，來決定行爲（工作）的先後順序。其中會包括公司「不希望他做的事」或「不可以做的事」，所以要清楚告訴他們該做什麼或不該做什麼。

第三個重點，是把有經驗的下屬當作諮詢的對象，多方請教對方的意見。這麼一來，不僅可以強化彼此的信任度，還可以得到這些在其他公司工作過的人的看法。

46 因理想和現實的落差而煩惱的新進人員

只要回想一下你以往的經驗，就不難了解有多少新進人員，是因爲認同公司的理念、遠景、重視的價值觀、對貢獻社會的看法，或是因爲欣賞公司的經營者而前來應徵的。

但是在進入公司之後才發現，完全找不到當初認同的崇高理念和思想，只看到嚴格規定營業目標或削減預算等極爲現實的一面。

部分的新進人員在看到這個理想與現實落差的情形之後，會不禁懷疑自己當初爲什麼要進入這家公司，甚至因此喪失了工作的意願。

為了避免這樣的情形發生，只要一遇到類似的狀況，就必須對新進人員說明企業理念與日常業務之間的關係。

例如：

- 你每天的工作和公司的理念或許看似毫無關係，但事實上卻十分密切。
- 爲了實現公司的理念，每個部門或小組都必須負擔一部分（被分解成行爲）必須達成的任務。
- 包括你在內的所有員工，每日所採取的行動，都可以提高公司的業績或收益，公司才可能貢獻客戶或社會，也才能因此貫徹理念、實現遠景。

如果公司內部負責指導新進人員的主管都能夠了解，這些話對於他們的重要性就再好不過了。但若是有主管認爲企業理念根本是白日夢，重要的是增加收益，接受了這樣指導的新進員工，將來一旦成爲主管，也可能這樣指導自己的下屬。

因此，爲了這些未來的幹部，請務必確實給予指導。

47 優秀的員工

如果要先說結論的話，那就是無論下屬有多麼優秀，主管都不能放任不管。**主管如果不聞不問，一定會影響下屬的表現**。

各位認爲「主管把工作全權交給下屬負責」，代表什麼意思呢？說得更明白些，就是主管把自己分內的工作都交給下屬負責。但這裡有一個最重要的前提，就是主管必須檢查自己工作的進度。

自我管理是非常困難的事。人類原本就是會企圖以輕鬆的方式創造成果的動物，如果沒有什麼方法或機制加以管理，一定會想偷懶。在沒有約束的情況下，能夠自我管理的人，大約只有三％到五％。

此時，**主管就必須負責進行不定期的抽檢**。

我在前面已經說過，對於還無法完全勝任工作的下屬，必須進行定期檢查。如果以同樣的頻率檢查一個能夠獨當一面的下屬的工作進度，反而會影響他的工作意願，所以，只要偶爾出其不意地要求提報工作進度就可以了。

如果工作進行順利，則必須認同下屬所做出的「行為」。**如果能夠由衷讚美對方「你真不簡單」或「把事情交給你果然沒錯」則是最好的做法。若覺得不好意思，大大地點個頭也可以。**

讓優秀的下屬能夠確實感受到自己深受主管信賴，是件非常重要的事。

48 兼職和派遣員工

除了受歡迎的服飾店或主題樂園等，或是擁有堅強的品牌實力的企業，到一般公司兼差的員工，幾乎都不是因爲該公司的理念、遠景或目標，才選擇這家公司的。

這些人在選擇應徵的公司時，考量的重點應該是時薪、工作條件，以及內容是否適合自己。

要如何才能讓這些兼職人員了解工作內容，展現出最好的工作表現呢？

如果是正式員工，可以利用公司的理念或當事者希望藉由工作達成的目標，建立操作動機（可引發行爲的作用）。**但如果是兼職人員，最好的做法，則是讓他們覺得自己的工作「值得一做」**。

而最有效的方法，就是詳細說明工作的全貌和兼職人員的定位，讓當事人強烈感受到

「自己的重要性」。

請務必向兼職人員簡單明瞭地說明在整個工作流程中，和兼職人員有關的人員與單位之間的關係，以及工作的最終目標。

如果是派遣人員，基本上都是「相關領域的專家」，不須要詳細教導工作的方法。

不過如果須要派遣人員做的是**具有某種難度的工作，而非較不受時間限制的文書工作，就須要充分溝通**。

溝通的重點在於「行為（工作態度）」，而非對方的私生活。

想辦法讓兼職人員感受到工作的價值是很重要的。

49 外籍員工

在指導外籍下屬時，最重要的是溝通，或許會有讀者認為「這還用你說」！

那麼，各位認為在溝通時，須要注意什麼呢？

聽到我這麼問，大家或許會覺得驚訝，但是在和外籍員工溝通時，最重要的是不要過度依賴語言。

對於生長在擁有不同的語言、民族、文化和價值觀的人來說，因為使用的語言無法溝通，所以他們會另外尋找溝通的工具。

在這樣的情況下，應該如何和外籍下屬互動呢？**基本上，就是根據「行為」給予明確的指示**。

我跟各位說個小故事。有家公司在某個國家蓋了一座工廠，並派遣了一位完全不會說當地語言的日籍員工，前往擔任社長。

一般來說，大家應該會先學習語言和文化，在融入當地的生活之後，才正式開始工作，但他卻是一到當地就開始處理公務。他只使用「YES（是）」、「NO（不是）」、「讚美的語言」和「禁止的語言」四種說法，針對當地員工的行爲（工作）來指導他們工作，一年內便將營業額提高一．三倍。

也就是說，只要把重點放在行爲上，就能夠創造工作的成果。

關於不依靠語言的溝通方式，可參考「視覺支援」的技術。我在後面的第五十五篇中會更進一步說明這個部分。

CHAPTER 10

教導的對象人數較多時

50 在下屬的大腦中畫空格

一旦必須站在眾人的面前說話時，大家都會不自覺地想要傳達更多的訊息。以前的我也是這樣的。

請各位回想自己小時候有沒有過類似的經驗：無論是學校的朝會或舉辦活動時，校長及來賓的致詞又長又無聊，你根本聽不進去。

他們說話的方式都只是條列式的說明想說的內容。

結果，聽的人根本不知道對方想說什麼？說了什麼？還要說多久？這就好像被丟到一個陌生的地方，手上沒有地圖，在路上不知道該往哪裡去。

因此，**說話時最重要的是得在聽眾的大腦中畫空格**。

我在演講時經常一開始就告訴與會者，今天要演講的內容是什麼。這麼一來，與會者

就會在腦海中準備幾個空格，之後只要將詳細的內容分別填入就可以了。

因爲聽話者在一開始就接收到經過整理的資訊，而非事後才整理相關內容，所以會更容易理解。

以地圖的方式來組合說話的內容，也很有效。只要先將整個活動的內容告訴學習者，例如今天讀書會的目標、目前的進度或計畫解決的問題，就能夠大幅提高學習的效果。

這個方法除了演講和讀書會，也可應用在會議討論。身爲主管的你，不妨活用空格和地圖的概念，徹底整理所有與會者的想法。

51 為什麼要寫？要寫些什麼？

各位在參加研討會或讀書會時，有沒有被要求寫筆記的經驗？就是拚命抄寫講師寫在白板上的內容。

因爲大家拚命抄筆記的場景，會製造出一股用功的氣氛，讓參與者覺得會議進行得頗順利，也學到不少東西，但遺憾的是，結果並非如此。

在類似的學習場合，重點應該是在了解某個概念或學習某種規則的行爲，而拚命抄寫是與原本的目的毫無關係的「無用行爲」。

因此，在有限的時間內進行指導或講課時，要讓與會者抄寫相關內容必須要有方法。

接下來，我們就來做個實驗。

①請翻開下一頁，在十秒鐘內記住頁底粗體的十碼數字。

②請回答第一六〇頁下方＊後的問題。

③請抄寫第一六一頁的數字三次。

④寫完之後，請回答第一六五頁下方＊後的問題。

8567145310

如何？

大部分的人在抄寫三次之後，應該都已經記住數字的排列順序了吧！

也就是說，「寫」這個動作和「記憶」這個動作之間，有非常密切的關係。

因此，如果你希望下屬記住某件事，一定要在學習時讓他抄寫相關的部分。

和「寫」這個動作關係密切的，還有「想」這個動作。

舉例來說，在上數學課時，有的老師會告訴學生題目的解法很重要，一邊在黑板上寫算式，一邊要求學生仔細看著黑板，記住解題的方法。

學生雖然以爲自己懂了，但事實上根本完全不懂，也記不起來，因爲他們沒有試著自己解（寫）一次。

愈是不懂教法的老師，愈會採用這種方式教學。

在黑板上盡是寫一些不那麼重要，或是大家已經學過的簡單問題，卻不寫他希望學生記住的重點。

類似的情形也經常發生在開會或討論時，有些主管的口頭禪就是要求下屬「想一想」。

光「想」是沒有用的。如果眞的希望對方思考，就須要提供方法或動機。

舉例來說，可以具體要求下屬針對「要達成今年四月底的目標，應該怎麼做」，把自己的想法寫出來。

這麼一來，下屬就會拚命思考，並把想法寫成文字。

在研討會或讀書會等學習的場合，使用「寫」這個和記憶與思考關係密切的行爲時，**必須審慎思考要下屬「為何而寫」和「寫些什麼」**。

這個時候，我有兩個原則。

1. 以填空的方式，請下屬填寫我希望他們記住的關鍵字

因爲把寶貴的時間用來寫板書太浪費了。

事先將重要的資訊整理在講義中，將你希望讓下屬記住的重點或用詞做成填充題。

2. 希望下屬思考時，可讓他們自由發揮

無論是參加研討會或讀書會，最重要的目的是，要將所學應用在自己的工作或生活中，因此，必須將「所學和所記憶的內容」落實到自己的問題。

我在要求研討會的學員自由書寫時，都是從這樣的角度來決定主題的。

＊左邊數來第三個數字是什麼？

52 石田式研討會的法則

接下來，我將介紹我在主持研討會或進行演說時，如何使用和連結各種要素（印刷品／幻燈片／說／寫／讀等）的四種方法。

這些方法除了公司內的讀書會或講習，也可用在公司內外舉行的會議、企劃或產品發表會上。

1. 不要只靠說

如果是在時間較長、必須傳達一定分量的資訊或知識的「會議」上，要先捨棄用口頭傳遞所有訊息的想法。

首先，因爲這麼做，只會讓與會者覺得厭煩。如果講者是個相聲家或演說家，或許還可以靠巧妙的說話技巧，吸引大家的注意，但是其他人恐怕很難辦到。即使連我都沒有把握。

另外一個原因是，除了說話之外，還有很多傳遞資訊的技巧，若能將它們巧妙地加以結合，就能提高學習效果。此外，各位不妨思考一下，什麼樣的資訊須要口述？

2. 分別使用講義和幻燈片

無論是講義或幻燈片，因爲上面已經事先標記文字或圖案，對與會者來說，看起來幾乎都一樣，但我卻將它們分開使用。

如果從使用幻燈片的角度來看，我使用幻燈片的第一個理由是，希望營造一股「參與」的氣氛。

與其要大家看講義，不如要大家看幻燈片上的圖片一起思考，更能夠提高參與感，凝聚向心力。

其次，就是將講義的概要或重點整理成幻燈片，讓大家知道雖然講義的內容很豐富，不過因為相關重點已經整理成幻燈片，所以請大家看幻燈片。這麼一來，大家就會記筆記，或標記出講義的相關內容，藉此確認重點。這麼做還可以讓與會者在會議結束後，邊看講義邊複習。

3. 讀與寫

除了單方面提供資訊外，重要的是讓學習者有參與感。這一點雖然大家都知道，卻從來不思考要讓學習者以什麼樣的方式？以及參與什麼樣的內容？才能達到最好的效果。反而常常將重點放在設計有趣的活動上。

我們應該考量不同行為的特徵，運用不同的方法。如同之前所提到的「書寫」這個方法，非常適合用來讓學習者記憶重點或思考授課的內容。而「讀」，則可用來幫助學習者吸收知識。

4. 區分說話的內容

如同之前所說，可將基本的資訊做成講義或幻燈片。「講述」的內容可以包括**強調須要記憶的重點**、**幫助與會者了解教學內容的範例**、**依照與會者的行業**、**職業或階級，提供可供活用的重點**。

只要將上課的資訊做成講義或幻燈片，再加上「書寫」和「誦讀」，「講述」的分量就可以減少許多。不擅長說話的人，也可以滿懷自信地使用這個方法。

53 提高學習效果的九種方法

＊左邊數來第五個數字是什麼？

當我們在學習某件事時，大腦會處理眼睛或耳朵接收的資訊。如果你的教法能夠協助大腦進行資訊處理，將可提高學習的效果。

接下來，我將介紹教育心理學家蓋聶（Robert M. Gagné）所提出的「蓋聶的九種教學事件」，主要是討論九種協助大腦處理資訊特別有效的教學事件（方法）。這九種方法除了有助於指導下屬或後進，也有不少可用於研討會或發表會。

1. 引起注意（Gain attention）

首先是讓學習者注意你。

你可以告訴學習者「我們現在就開始」。如果上課或開會的人數較多，也可以一開始

10

就利用實際演練或欣賞短片等較新鮮的方式暖場。如果是一對一，可以提出一個和教學內容有關，但有點突兀的問題，藉此讓學習者對學習內容感到好奇。

2. 提示學習目標（Describe the goal）

在開始指導之前便向學習者說明，即將教授的知識或技術，例如「今天要教的是在某種情況下必要的專業用語」，或「接下來要練習的是某種技術」。**透過這個動作，可讓學習者產生某種程度的期待，讓他們更專心，同時也可以提高學習欲望。**

在教授「技術」時，主管若能實際進行演練，效果更好。

3. 回憶必要的知識（Stimulate recall of prior knowledge）

在教授新的內容時，很多時候都須要「既有的知識」。

舉例來說，在訓練下屬進行產品發表會的產品展示時，要先了解產品的規格和幻燈機的用法。

因爲以往曾經學習過的知識，會被儲存在大腦的「長期記憶」中，可自由回憶和運用。

4. 提示學習內容（Present the material to be learned）

這是「教授新事物」的主要過程。

可以口頭或講義告知學習者即將教授的內容，若是由指導者實際進行示範則是最好的方法。

此時，**必須注意兩件事，那就是「突顯重點」和「鎖定教學內容」**。這和記憶的方式有關。

人類會將經由眼睛或耳朵接收到的資訊，暫時儲存在「短期記憶」中，但是，因爲短期記憶可儲存的資訊量有限，所以必須加以篩選。

篩選的方法非常簡單，那就是只儲存對自己有利或需要的資訊，其他一概捨棄。

如果你希望學習者將你希望他記住的事，儲存至「短期記憶」中，最重要的是明確突顯

相關的重點。

因此，不妨將講義或幻燈片上相關部分的文字，放大或換成粗體字。如果是以口述教學，可調整音量的大小或高低，或特別強調重點的內容，這麼一來，學習者就會知道哪些是重要資訊而優先存入短期記憶。

之所以要鎖定教學內容是因爲，短期記憶的儲存量有限，因此每次最多只能教三件事。

此外，**如果能夠事先整理好內容，盡量以簡潔的方式表達**，就能夠提高資訊被存入短期記憶的可能。

5. 提供學習輔導（Provide guidance for learning）

爲了協助學習者將儲存在短期記憶的資訊移入長期記憶，可以利用的方法有很多，例如「以不同的說法說明」、「介紹實際的例子」、「舉例」或「連結已知的事物」等。

此時的重點為「不斷重複」和「讓剛學習到的資訊變得更有意義」。

爲什麼不斷重複可以幫助學習？因爲「短期記憶」如同其名，只能在短時間內儲存資訊，如果不想辦法在二十秒內加以處理，這些資訊就會消失。

至於讓資訊變得更有意義，則有助於「長期記憶」接收相關資訊。無論是將教學內容與學習者已知的資訊相互連結，或是舉例說明，透過各種不同的方法，都能讓學習者學到的內容更有意義，定義也更加清楚。

6. 練習（Elicit performance「practice」）

確認學習者是否正確接收到教學的內容。

如果你教的是技術，那就請學習者實際演練一次。如果教的是知識，可以利用小考或抽考來確認。

7. 提供有利的回饋（Provide informative feedback）

透過給予回饋，讓學習者知道自己是否通過第六項的考驗。

10

本項的目的在於，確認學習者是否真正了解教學的內容，避免產生誤會或缺失。請各位切記，這一項並不是用來評估下屬的表現。

8. 評估學習的成果（Assess performance）

利用考試等方式，確認學習者是否確實記住或學會應該學會的事。

除了在教學結束後進行評量，如果能間隔一段時間再測驗，多確認幾次的話更好。

9. 運用所學（Enhance retention and transfer）

retention 表示記憶，transfer 則表示在各種情況下活用學習的成果。

在間隔一段時間之後反覆練習，有助於加強（Enhance）記憶和運用所學。

此時，可更換不同的狀況和主題，給予學習者不同的任務。

請各位務必利用以上的九種方法，提升自己的「教法」。

54

讀書會等活動的流程安排

身爲公司高層或主管的你，應該有不少機會在讀書會或研討會等場合，面對大家說話吧！或許有的讀者現在還沒有機會，不過以後仍有可能會碰上。

這個時候必須先考量的是流程的安排。

我安排研討會或演講的流程時，會參考兩個原則。

1. 基礎：應用：發揮＝6：3：1

「6：3：1」是表示時間的分配。

如果是一百分鐘的讀書會，我會依照內容的程度，將時間調整爲一開始的六十分鐘是基礎，接下來的三十分鐘是應用，最後的十分鐘則是發揮。

以行爲科學的讀書會爲例，一開始的六十分鐘，我會安排學員學習基本的內容。接著要求學員將以往學過的行爲科學基本理論，運用到實際的工作。即使在學習基本內容時，那些認爲行爲科學很簡單的學員，在面臨到要落實自己的問題時，仍會茫然不知所措。因此，讓學員有實際運用的機會非常重要。

最後的十分鐘，我會介紹程度較高的內容或較困難的主題。

一開始學的是簡單的加減乘除，最後卻以微積分收場，就算內容的難度落差稍大，也沒有關係。

這是爲了讓學習者想像，現在學到的內容將會和未來的工作有關。這樣不僅可以提高他們的興趣，也可能讓學習者想要更進一步進修。

2. 九〇／二〇／八法則

根據英國的教育學家，同時也是心智圖的開發者東尼博贊（Tony Buzan）指出，參與研討會或研修的人員，能夠在聽取報告時，同時了解內容的時間平均爲九十分鐘，能夠邊聽邊記憶的時間則只有二十分鐘。

人才開發界的大師鮑伯派克（Bob Pike）根據這項數據，開發出九〇／二〇／八法則。以下是他的建議：

- **研修的過程不能超過九十分鐘**
- **至少每二十分鐘就要改變形式或進行的速度**
- **每八分鐘讓學員有參與的機會**

其中，我認爲最重要的是隨時提供學員參與研修的機會。

這麼一來，學員就不只是坐著聽講。爲了讓他們聽講、看幻燈片或將學習內容落實到自己的問題，可以安排學員活動身體，或者進行寫、讀及參與實踐課程，讓他們專心上課而不感到厭煩。

55 活用照片和圖片

大部分的主管在教導下屬工作的方法或給予指示時，都是利用語言，以「口頭」的方式說明。**但其實可以根據不同的內容，利用圖片或照片等視覺資料，讓下屬更容易了解。**

利用視覺資料教導下屬工作的順序，或者給予重要指示時，名爲「視覺支援系統」的教育法非常值得參考。

這套學習法是一九六〇年代從美國發展出來的，也用於治療自閉症兒童的治療教育法「TEACCH 計畫」（TEACCH, Treatment and Education of Autistic and related Communication handicapped Children，自閉症及相關溝通障礙兒童的治療與教育）中。

罹患自閉症或亞斯伯格症候群的孩子，擅長透過視覺學習。只要透過圖片或照片，便能夠順利讓他們了解時間表（當天的計畫、一週的活動流程等）或順序（洗手的方法、穿衣的順序或購物的方法）等。

類似的支援計畫在企業界也十分普遍。在人種多元的美國，有愈來愈多製造業和服務業的第一線，利用類似「視覺支援系統」來標示工作的流程。

我們公司在大約七年前也引進這套系統。

將「到公司後應該做的事」或「員工共用文具的放置處」等訊息視覺化之後，**包括新進人員在內，同樣的工作無論誰做，都能夠得到同樣的結果**。

隨著企業全球化，和外籍人士共事將成爲常態，這個做法十分值得一試。

筆者公司的視覺支援系統

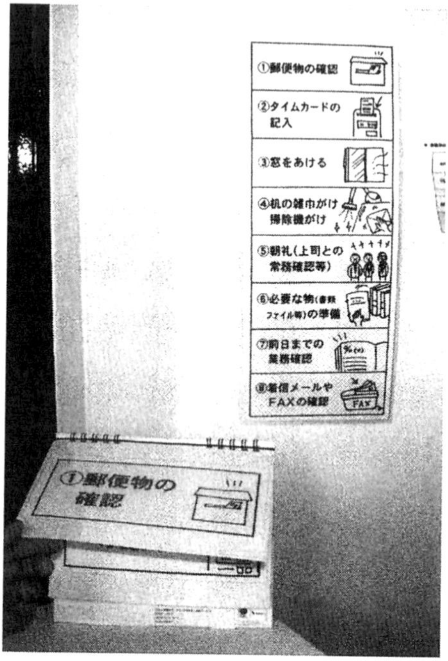

利用照片或圖片等視覺資料，讓員工了解工作的流程

無論是誰都能在短時間內學會相同的行為

日本某服務業實際採用的視覺支援系統

①預約的客人一上門，負責招待的員工必須放下手邊的工作去迎接顧客。

②顧客將車停在停車場，等待接待人員。

③當顧客走到距離停車處和店門口的中間時，向顧客說「讓您久等了」，並彎腰45度鞠躬。

④打開大門，讓顧客進入店內。

⑤告知店內其他人員顧客已抵達。

⑥全體員工對顧客說「讓您久等了」，並彎腰30度鞠躬。

將工作的內容視覺化，讓員工更容易了解

結語

未來企業的價值觀和理念將會變得無比重要。

此時，不只是組織的領導者，各部門的幹部和組織內的所有成員，都必須要有不可動搖的信念與韌性。

因此，「培育人才」就成了重要的關鍵。

該如何認同自己公司的理念？該向主管或先進學習什麼？該將什麼傳承給自己的下屬和後進？又該如何將這些訊息傳達給顧客和合作夥伴？

對於未來的領導階級而言，「教的技術」將會愈來愈重要。

行爲科學管理爲了能夠仔細觀察並分析所有行爲，在簡潔告知下屬的同時，還會進行「行爲測量」、「回饋」和「強化」等細部補強。因此，有人懷疑這麼做會不會培養出依賴的下屬？

這誤會可大了！

這個方法的目的，是在培養能夠設定目標、主動工作，同時能夠靠自己思考和行動的自立型人才。

二〇一一年三月十一日，這天日本發生了極大的變化。

這場堪稱是前所未有的災難，對日本造成莫大的傷害，除了連帶引發了核爆事故，也引起日本國內和其他國家的各種經濟問題，進而改變了所有生活在這塊土地上人們的人生觀和工作觀。

「我爲什麼要工作？」「這眞的是我想要做的事嗎？」「只要想怎麼賺錢就夠了嗎？」各位讀者偶爾應該也會有這樣的念頭，並重新開始思考許多事吧！

我尤其強烈感受到「人是無法獨力完成任何事的」。

原本大家都因爲厭倦家族的羈絆、鄰居間的互動，以及同事間的心靈交流等人際關係，於是只想獨自享受富裕的物質生活，但卻因爲這場突如其來的危機，讓日本人再次體會到人際互動竟是如此的重要！

我認爲這除了是一種危機意識，同時也是一道希望之光。

人爲何而活？

我相信生存的基礎是「教育」，也就是「人才培育」。

培育人才的過程當然充滿辛酸，但能看到一個人有所成長且賣力工作，將會無比地喜悅。

而且能夠親眼看到自己培育的人有所發展，遠比自己工作有成更讓人感動。

這也就是爲什麼我會從事這份工作的原因。

我讓下屬不斷累積成功的經驗，藉此讓他們做出我希望他們做出的行為，就好像指導馬拉松選手跑步技巧的陪跑教練。

藉由這樣的教法，有一天，一定能讓下屬成爲一個具有思考和行動能力，並有所成就的人才。

希望本書可以大幅提升各位「教的技術」，培育出更多的人才，同時，也能夠藉由這樣的經驗讓自己成長、強化自信，並且充分體會培育人才的喜悅和充實感。

最後，我要感謝協助本書出版的木村美幸小姐，以及Kanki出版公司的谷內志保小姐。

同時，對於那些爲了協助下屬和後進有所成長而購買本書的讀者，我也在此表達誠摯的謝意。

二〇一一年六月吉日

行為科學管理所所長　石田淳

■58頁的解答

將寶特瓶中的水倒入杯子的分解動作

1. 看著寶特瓶。
2. 將非慣用手伸向寶特瓶。
3. 握住寶特瓶。
4. 把寶特瓶拿過來。
5. 以慣用手握住瓶蓋。
6. 以逆時針方向轉開瓶蓋。
7. 將瓶蓋放在桌上。
8. 以慣用手握著寶特瓶。
9. 拿起寶特瓶。
10. 以非慣用手握住杯子。
11. 把杯子拿過來。
12. 將寶特瓶拿到杯子上方。
13. 將寶特瓶的瓶口朝下。
14. 將瓶口傾斜至水可流出的角度。
15. 輪流看著杯子和寶特瓶。
16. 把水倒到八分滿之後，將瓶身扶正。
17. 把握著杯子的手放開。
18. 將寶特瓶放回桌上。
19. 把握著寶特瓶的手放開。
20. 以慣用手拿起瓶蓋。
21. 以非慣用手握住寶特瓶。
22. 將瓶蓋拿至寶特瓶瓶口。
23. 將瓶蓋蓋在寶特瓶瓶口上。
24. 用手指拿著瓶蓋。
25. 旋轉瓶蓋關緊。
26. 放開拿著瓶蓋的手。
27. 放開拿著寶特瓶的手。

穿T恤的分解動作

1. 看著T恤。
2. 雙手伸向T恤。
3. 兩手抓住T恤的肩膀。
4. 把衣服拿到眼睛的位置，以便可以看到整件衣服。
5. 確定衣服是正面。
6. 將標籤朝上。
7. 將T恤放在平坦的地方。
8. 確定T恤前後對齊。
9. 兩手抓著T恤下襬的兩端。
10. 將T恤拿到頭的位置。
11. 將T恤的下襬兩端撐開成圓形，方便頭可以伸進去。
12. 把頭伸進T恤裡。
13. 把T恤往下拉，讓頭穿過最大的洞。
14. 把右手臂從下方伸進T恤。
15. 把右手臂穿過袖子。
16. 將右手臂完全伸直。
17. 把左手臂從下方伸進T恤。
18. 把左手臂穿過袖子。
19. 將左手臂完全伸直。
20. 兩手抓住T恤下襬兩端。
21. 將T恤往下拉，蓋住身體。
22. 把手放開。

不懂帶人，你就自己做到死！——
行爲科學教你把身邊的腦殘變幹才

行動科学を使ってできる人が育つ！教える技術

作　　者	石田淳
譯　　者	孫玉珍
封面設計	Javick
內文排版	李季禾
責任編輯	陳　好
執行編輯	劉文駿
業務發行	王綬晨、邱紹溢、劉文雅
行銷企劃	黃羿潔
副總編輯	張海靜
總 編 輯	王思迅
發 行 人	蘇拾平
出　　版	如果出版事業股份有限公司
發　　行	大雁出版基地
地　　址	231030 新北市新店區北新路三段207-3號5樓
電　　話	（02）8913-1005
傳　　眞	（02）8913-1056
讀者傳眞服務	（02）8913-1056
讀者服務	E-mail andbooks@andbooks.com.tw
劃撥帳號	19983379
戶　　名	大雁文化事業股份有限公司
出版日期	2022年10月 再版
定　　價	300元
I S B N	978-626-7045-52-7

國家圖書館出版品預行編目資料

不懂帶人，你就自己做到死！：行爲科學教你把身邊的腦殘變幹才 / 石田淳著；孫玉珍譯. – 再版. – 臺北市：如果出版, 大雁出版基地發行, 2022. 10
面；公分
譯自：行動科学を使ってできる人が育つ！教える技術

ISBN 978-626-7045-52-7（平裝）
1. 人事管理 2. 企業領導

494.3　　111014113